光尘
LUXOPUS

清醒

摆脱工具主义
活出真实自我

[丹麦]
斯文·布林克曼
(Svend Brinkmann)
———— 著

黄菊
———— 译

中信出版集团｜北京

图书在版编目（CIP）数据

清醒：摆脱工具主义，活出真实自我 /（丹）斯文·布林克曼著；黄菊译. -- 北京：中信出版社，2022.11

ISBN 978-7-5217-4595-5

Ⅰ.①清… Ⅱ.①斯… ②黄… Ⅲ.①人生哲学－通俗读物 Ⅳ.① B821-49

中国版本图书馆 CIP 数据核字（2022）第 133882 号

© Svend Brinkmann&Gyldendal, 2014, Copenhagen.
Published by agreement with Gyldendal Group Agency.
Simplified Chinese edition copyright 2022 by Beijing Guangchen Culture Communication Co., Ltd
All rights reserved.

本书简体中文版由北京光尘文化传播有限公司与中信出版集团联合出版
本书仅限中国大陆地区发行销售

本作品简体中文专有出版权经由 Chapter Three Culture 独家授权

清醒——摆脱工具主义，活出真实自我
著者：[丹麦] 斯文·布林克曼
译者：黄菊
出版发行：中信出版集团股份有限公司
（北京市朝阳区惠新东街甲 4 号富盛大厦 2 座　邮编　100029）
承印者：三河市中晟雅豪印务有限公司

开本：880mm×1230mm 1/32　印张：7.75　字数：113 千字
版次：2022 年 11 月第 1 版　印次：2022 年 11 月第 1 次印刷
京权图字：01-2022-4708　书号：ISBN 978-7-5217-4595-5
定价：49.00 元

版权所有·侵权必究
如有印刷、装订问题，本公司负责调换。
服务热线：400-600-8099
投稿邮箱：author@citicpub.com

人生最好是能心平气和。真正高层次的生活，就是要平静。

——爱比克泰德

目录

推荐序　一锅北欧风味儿的"反励志"　喻颖正 / 5
导读　清醒地面对快节奏的滚滚红尘　徐英瑾 / 13

前言　快节奏的生活　　/ 25

第一章
停止省视内心　　/ 001

直觉　　/ 007
找到自我,还是接纳自我?　　/ 013
悖论机　　/ 017
我们该怎么做?　　/ 022

第二章
注重生命中消极的方面　　/ 027

积极主义的暴政　　/ 032
积极心理学　　/ 035

积极的、感激的、会欣赏的领导者 /039
归罪于受害者 /042
吹毛求疵 /045
接受生活给予的 /048
我们该怎么做? /050

第三章

学会说"不" /055

何为"是"的帽子?人们为什么需要它? /061
在风险社会中怀疑的正义性 /067
我们该怎么做? /075

第四章

抑制自己的情感 /079

情绪文化 /085
情感文化的后果 /092
我们该怎么做? /098

第五章

解雇你的培训师 /103

生活培训法 /108
培训的危险之处 /112
培训和友谊 /117
我们该怎么做? /120

第六章

读一本小说

——不是励志书,也不是传记 /125

当今最流行的文学体裁 /130
将小说作为一种自我的技术 /135
不抱有幻想的文学 /140
我们该怎么做? /145

第七章

回顾过去　/ 149

过去对个人的重要性　/ 157
我们该怎么做？　/ 163
最后的一些想法　/ 169

附录　斯多葛主义　/ 175
古希腊的斯多葛学派　/ 178
古罗马的斯多葛学派　/ 186

注释　/ 193

推荐序　一锅北欧风味儿的"反励志"

喻颖正　公众号"孤独大脑"作者、未来春藤创始人

一

地球上最聪明的人，内心其实也很脆弱吗？

当"幸福课"和"人生设计课"分别成为哈佛大学和斯坦福大学最受欢迎的两门课程，人们似乎没有表现出应有的意外：

为什么这些堪称最幸福一代的年轻人，居然一本正经地在课堂上学习如何获得幸福？
为什么硅谷那些正在改变世界的家伙，却需要别人来指导他们如何设计自己的人生？

显然,"自我发展"已是一门被广为接受的"显学","幸福产业"也被看上去幸福或不幸福人群普遍接受。

"成功人士"不仅过着耀眼夺目的生活,而且更自制、更懂得心理建设,甚至更加积极地终身学习;"名媛"们不仅学历高长得美嫁得好,还比普通人更一丝不苟,更注重内心,更善良美好。

于是,普通人原本就有的自我愧疚,再次被逼到了一个角落——

"大多数人根本没有发展到拼智商的程度,甚至连基本的积极性和行动力都远远不够。"

接下来,一个庞大的产业群应运而生。人们被告知,其实每个人都可以实现自己的梦想,只要你追随自己的内心,积极向上,足够努力,一切皆有可能,每件事都能转化为幸福。

励志类书籍成为图书领域最大的品类之一,各种自我发展的课程和培训班络绎不绝,人们将自我疗愈、沟通表达、认知拓展等方面的花销视为回报率最高的人生投资,并坚信付出就有回报,积极必有奖励。

这时候,有一个叫斯文·布林克曼的丹麦人站了出来,他左手擎着一根长矛,刺向"励志邪说"和"积极的暴政",右手则举着一个盾牌,上面镌刻着"北欧幸福哲学"与"斯多葛主义"。

二

"清醒"哲学系列——《清醒》《生命的立场》《自在人生》三本书读起来很过瘾,作者温和而犀利,毫不留情地揭穿了"认知工具化"的谎言,并试图将现代人从"没有尽头的幸福跑步机"上拯救下来。

没错,"成功人士"和"幸福产业"合谋,制造了这样一种错觉:你过得不够好,是因为你不仅先天不够聪明,而且后天还不够积极努力。他们掩藏了自己的"运气",设计了自己的"奇迹",将自己中彩票式的幸运包装为可以复制的成功,他们甚至忘记了《了不起的盖茨比》里的忠告:

"你就记住,这个世界上所有的人,并不是个个都有过你拥有的那些优越条件。"

我在翻看斯文·布林克曼的这三本书时,看到作者尖刻而有趣地对"过度励志"的解构,甚至对"内省"和"发现自我"提出怀疑,不禁会有"我早就受够这些胡说八道的鸡汤了"的感慨。

作者的学术背景令这套书既有吐槽的快乐,又有洞察的深度。他并非只破坏不建设,而是试图求索幸福与成功的源头,并且给出自己的一套体系。他调侃自己的书也会被放上励志类书架,所以也在书中条理分明地列出"怎么做"的步骤。

没错，这是一系列值得推荐的"反励志"的励志书，一种反传统的成功学，一个与数字化时代"流动的现代性"逆向求解的幸福主义。

三

工具并非不好，只是我们很难找出一个简单的锤子来代替自己那个肉乎乎的大脑。就像赚快钱没什么不好，只是快钱很难赚到而已。

路德维希·伯尔纳说过："摆脱一次幻觉比发现一个真理更能使人明智。"就这一点而言，"清醒"哲学系列这三本书做得非常好。

在这个实用主义的年代，人们追求工具化、目的化、即时化，试图以此获得某种虚妄的确定感。然而，恰恰因为"只计利害，不问是非"，导致碎片化、即时满足和只顾表象。

哪怕只讲世俗的"成功",一个人的发财和成名也大多是价值与运气杂交的结果。就价值而言,需要播种、生根、耕耘,以及漫长的守候。

作者没有只停留在这个层面,而是更深一步,和亚里士多德一起去探寻幸福的本质。没错,即使是用纯粹数字化的AI(人工智能)决策来看,也需要一个估值函数来计算概率优势。定义幸福的本质能够帮助人们建立一个评价系统,由此可以更有全局观,在某种意义上也更容易"成功"。

也许,这才是幸福和成功的第一性原理吧。

四

我必须承认,这套书对我自己很有帮助。

和每个身处当下这个不确定世界的人一样,我也对现实充满了困惑。我刚刚离开家,经历漫长的跨洋飞行,为自己的二次创业而奔波。很巧,有个叫 Dan 的丹麦人,正在为我在温哥华的房子设计后院的树屋和连廊。可我却要离开长满鲜花、结满山楂果的花园,去应对一系列悬而未决的挑战。不管我多么积极向上,也会在深夜里问自己:"这是为什么呢?"

作者引用克尔恺郭尔的哲学解答了我的难题:所谓心灵的纯粹,是为了"善"本身而求善向善,此外的不确定性,又或是投入与产出之间的不对称性,其实并不重要。

在克尔恺郭尔看来,爱是一种能力,付出就是拥有,付出之后,被爱的对象是否再爱回来已经不重要了。

有句话说,"我消灭你,与你无关",也许应该换成"我爱你,与你无关"。

我喜欢书中老太太和玫瑰花的故事,因为我也种了许多玫瑰。你对花的专注和情感将与其合二为一,意义只能是过程,而非掌控或者占有。

进而,我突然意识到,假如我们的命运像扔骰子,结果只能呈现出其中的一面。可是,如果将这个过程视为可逆的,也就是说,假如我们的专注能够实现与时间的合二为一,那么我们命运的所谓"单一现实结果",会逆向绽放为有许多种可能性的烟花。

克尔恺郭尔曾经说过:不懂得绝望的人不会有希望。

我相信,这套书里有你想要的希望。

导读　清醒地面对快节奏的滚滚红尘

徐英瑾　复旦大学哲学学院教授

从哲学的角度来看,现代人忙碌的都市生活背后的深层逻辑,很可能建立在一些重要的概念混淆之上。一个常见的混淆就是,将"理想主义"与"业绩至上主义"当成一回事。具体而言,很多人认为,一个人只要有理想,就要有干劲,也就需要不断拼工作业绩,将工作做得"多快好省",否则就是"躺平",就是"佛系",就是"胸无大志"。因此,慢节奏的学习和工作方式就被污名化,甚至视为"理想主义"的对立面。

事实上,"理想主义"本来并不是这个意思。与多数人的想法相反,理想主义哲学的老祖宗苏格拉底与柏拉图或许都是慢性子的人。他们的核心哲学思想就是要让世界上的万事万物都努力按某些抽象的"理念"来成就自己——因此，理想主义者喜欢问的问题是：你制作的这个花瓶是否符合"美"的理念呢？某某法官判的案子是否符合"正义"的理念呢？很显然，这种思维方式会要求理想主义者反复排除自己工作中的各种瑕疵，不到完美的程度就绝不提交工作成果。因此，理想主义非但不会催生"加速主义"，相反还可能在某些情况下导致"工作拖延症"。

那么，为何"理想主义"的含义在今天会发生如此明显的颠倒呢？

因为现代社会金钱逻辑的倒逼机制实在太强大了。金钱社会的最大理想就是"快"，因为很多重要事项的运作周期都有时间限制：企业融资有还贷周期，产品上市必须赶上某个重要销售节点，演员的表演要受到档期限制，就连大学里的青年教授也都在"三年后非升即走"的达摩克里斯之剑下战战兢兢。你想慢工出细活，自己把握时间做好想做的事？没门儿！金钱逻辑会告诉你，若不按照它的时间节奏调整你自己的每一次呼吸,你就迟早会被踢出局。

作为动物世界唯一真正具有自由意志的物种,人类难道必须将自己降格为庞大金钱机器上一个毫无个性的零件吗?我们除了是火花塞与齿轮,还能是别的什么吗?

对于这个问题,丹麦心理学家斯文·布林克曼给出的答案是:让自己清醒。

"清醒"的反面当然是"沉睡"或"酒醉"。换言之,在布林克曼看来,现代人在各种各样"快马加鞭"的"加速主义心灵鸡汤"中已麻痹太久,以至于大家已近乎放弃了对"慢生活"的感知力。我们需要一味新的思想药剂,让我们能够用一种崭新的态度来面对滚滚红尘中的种种喧嚣。

需要指出的是,布林克曼开出的药方并非前面提到的柏拉图主义,而是流行于希腊晚期与罗马时期的斯多葛主义(顺便说一句,"斯多葛"不是人的名字,而是指进行哲学讨论的回廊建筑）。那么，到底什么是斯多葛主义呢？为何斯多葛主义比柏拉图主义更值得推荐呢？让我们从下面这个具体案例开始讨论。

现在就设想你已经经过初步的哲学启发，意识到了你的确具有属于自己的生命逻辑，而这一逻辑也正在与金钱逻辑产生不幸的冲突。举个例子，假设你穿越到了1642年的荷兰，化身为伦勃朗，而且你正受托为阿姆斯特丹的一群有点小钱的市民画群像。既然花了银子，委托人自然希望他们中的每个人的脸蛋都能在画布上呈现得端端正正；但作为一名有艺术追求的画家，你可不想再画一幅"全家福"式的平庸之作。相反，你要让这群市民全副武装，出现在昏暗的阿姆斯特丹的街道上夜巡，用一种若隐若现的色调来表现这整个场景——但这样的构图，必然会让某些委托人的脸蛋淹没在阴影中，使得他很难被亲朋好友所辨识。因此，这些委托人是不太可能喜欢这个构图方案的。于是，滋生于你灵魂深处的艺术理念与金主们的托付产生了矛盾。那么，面对这种矛盾，你该怎么做呢？

标准的柏拉图主义者的做法是：坚持心中的理念，且不惜与外部世界全面开战。因此，一个满脑子柏拉图主义的画家会充满热情地向他的委托人宣扬他的艺术理念，直到后者被他的热情所感染。不过，有点社会常识的人都知道，委托人真正被说服的可能性是很低的。所以，做理想主义者的代价，往往是被残酷的现实抽打得遍体鳞伤。

不过，还有另一种解决方案，即"存在主义"（以法国哲学家萨特为代表），即将残酷世界与个体自由之间的斗争视为一种常态，甚至认为二者之间的关系是不可调和的。存在主义与理想主义之间的本质区别是：理想主义依然乐观地认为只要发挥"愚公移山"的精神，现实总会按照理想的要求被改造；而存在主义则略带悲观地认为，个体被别人误解这一点是很难避免的，甚至就连明日的自己也会误解昨日的自己。因此，为个体的自由而进行的斗争就带有一种"西西弗斯"式的悲壮（即不断将巨石推上山顶，但由于巨石太重，往往还没到山顶就又滚了下去，然后再从头开始，如此循环往复）。于是，一个信奉存在主义的画家既不会对说服别人接受自己的艺术理念抱有期望，也不会放弃自己的艺术探索自由——他会不停地画，不停地被批评，然后再不停地画，就像那个不断将巨石推向山顶的西西弗斯。

面对个体与世界的这种张力，斯多葛主义的解决之道既不同于理想主义，又不同于存在主义。斯多葛主义要求我们用一种新的角度重新审视自我与世界的关系，即通过构建一个心灵中的"微宇宙"来对抗来自外部世界的各种压力。这里我们一定要重视斯多葛主义与理想主义以及存在主义的双重差异：斯多葛主义并没有理想主义这么乐观（即认为世界一定会变好），也没有存在主义那么悲观（即认为世界注定会来压迫我），而是认为世界既没有你想象的那么好，也没你想象的那么坏。因此，一个具有足够的斯多葛式智慧的人，应当能建立起一个大致靠谱的关于世界如何运作的模型，并依据这个模型来指导自己的生活。

那么，我们该如何让自己具有足够的斯多葛式智慧呢？

作为斯多葛主义者的布林克曼给了我们如下建议:

第一,通过高层次的阅读建立起自己对世界的理解,以作为自己心灵中的"微宇宙"的逻辑框架。也就是说,大家一定不要读那种低级的网络爽文,因为那种爽文会破坏大家对于世界的正常认知——在爽文的世界中,只要你是故事的主角,就一定会一路开挂,一直攀登到人生巅峰,而在这种简化的描述方式中,社会的复杂性往往会被牺牲掉。与之相较,真正好的小说往往会给你更健全的关于世界的认知:《傲慢与偏见》让你知道不能以第一印象取人;《悲惨世界》让你知道一个好人同时也可以是冒牌市长;《水浒传》则让你知道,即使是将门之后也会卖刀换午餐。通过这种阅读,读者就能调整其对社会的期望,了解到人生不如意本是常事,由此在自己真正面临人生不幸的时候做好心理准备。

第二,在此基础上,斯多葛主义教导我们要意识到人生的脆弱性,意识到自己的任何一个宏图大志都可能会被一些貌似微不足道的因素所打败。这些因素可以是一次意外的车祸，可以是痛风引发的脚趾疼，可以是腰椎间盘突出引发的行动不便，也可以是视力退化引发的阅读困难等。请注意，斯多葛主义在此所提供的是一种与加速主义文化用力方向完全相反的认知：加速主义文化的核心要义，是要像吹气球一样让你的自信心爆棚，让你不断对自己说"你可以的！你的潜能是无穷的！"；而斯多葛主义的要义，是要让你意识到，人类个体的精神与肉体都可能像芦苇一样脆弱，失败的可能性会一直与我们如影随形。这种认知将引导我们反观积极心理学（也就是我们平时所说的"打鸡血心理学"）的疏漏之处：积极心理学无视人类本质上的脆弱性，并在伦理上将对于自身脆弱性的承认视为一种羞耻（请想想我们经常听到的那种声音——"男儿有泪不轻弹"），且完全无视外部世界中的强大力量对个体的计划所可能起到的破坏作用。这种积极心理学虽然能够在某种情况下起到鼓舞士气的作用，却可能在长远透支我们的精力，鼓励提出某些不切实际的工作计划，并由于这些计划的荒谬性而导致战略层面上的重大挫折。从这个角度看，斯多葛主义虽貌似有点"躺平主义"的意味，却能帮助我们在人生道路上走得更长更远。

第三，斯多葛主义还教导我们重新看待友谊。大致而言，一个人的朋友有两种：一种是愿意与你分享人生压力，一起来面对人生脆弱的朋友；另一种则是不停给你人生激励，不断对你说"你可以的"的朋友。布林克曼给出的药方就是：解雇你的心灵培训师（在此，"培训师"特指那些人生激励师），让你的心灵能够减负而行。布林克曼甚至认为，过度的心灵培训反而会恶化人们所面临的问题，换言之，本来你觉得自己还算快乐，但是经过培训后却"发现"你浪费了潜在的巨大精神力量，而这一点反而会使得你陷入焦虑之中。对此，布林克曼的建议是，既然你已知道那些人在你生活中出现的意义就是不断带给你焦虑，你为何还要将其视为真正的朋友呢？

关于《清醒》一书所给出的斯多葛主义教导的其余内容，读者可以通过阅读自行探索，在此笔者也仅就自己的体会重构了其中的几个论点。那么，我们中国读者为何要读一本由丹麦心理学家写的关于斯多葛主义思想的书籍呢？

笔者以为，斯多葛主义是目下中国社会非常需要但却在客观上又高度缺乏的一种哲学修养。毋庸讳言，近几年中国社会弥漫着一种自大之风，不少人既不愿意承认别人的进步，亦不愿意承认天外有天，成天沉浸在"我很牛"的自我催眠之中。从某种意义上说，这是积极心理学在全社会过度泛滥的一种产物。与之相伴而行的，则是唯意志主义思想的流行——很多人认为只要自己意志力足够强，就能逆天改命。结果希望越大，失望就越大，一些人甚至会在被现实狠狠打脸以后陷入精神失调。所以，我们需要在这种"做加法"的思潮之外找到一种"做减法"的思潮与之平衡——换言之，根据这种"做减法"的思想，我们宁可少吹几个牛皮，也要将自己手头能做的事情做好。斯多葛主义恰恰就是这种"做减法"的思想。

那么，斯多葛主义是不是主张"放弃一切追求"的佛系思想呢？并不是。不可否认，与那些相信轻轻松松就能逆天改命的狂徒相比，斯多葛主义者的确略具佛系色彩，但斯多葛主义依然是一种可以用以指导具体工作的哲学，而不是教人去放弃一切劳作。实际上,斯多葛主义的工作守则是"在你的行动半径内做你可以做的事情",换言之,既不要随意自我加压,也不要放弃最基本的职责。这里的关键词就是"行动半径"。理想主义往往高估自己的行动半径,总认为只要努力,总能心想事成;存在主义则低估行动半径,认为即使坐在我对面的一个陌生人都可能成为压迫我的"地狱"。与之相比,斯多葛主义者的态度则是"有所为,有所不为",唯有如此,人生之路才能走得不疾不徐,扎扎实实。

说到这里,我似乎还欠读者一个解释:如果一个斯多葛主义者穿越到了1642年成为伦勃朗,他又该怎么画《夜巡》呢?是按照自己的艺术理念来画,还是按照顾客的要求去画呢?

以笔者浅见,一个真正的斯多葛主义者凭借其健全的世界观,应当能预料到:他如果按自己的想法去画画的话,顾客大概率是不会开心的;但是,他也应当预料到,即使顾客不开心,由此所导致的风波很快就会过去,而在日后，世界美术史终将认识到《夜巡》的价值。所以，他会继续按照自己的想法去画画，但与理想主义者不同，他不会试图向顾客宣传他的艺术理念（因为他会预料到这是无用的），也不会像存在主义者那样对顾客的"低艺术品味"而愤愤不平（因为他知道，这些顾客的反应本来就是宇宙运作逻辑的一部分）——相反，他会笑着面对顾客的批评——与此同时，他会坚持他的构图方案，让顾客的脸蛋继续淹没在阿姆斯特丹的茫茫夜色之中。

从这个角度看，斯多葛主义伦理教导的核心，并不是直接告诉大家该怎么做一件事，而是告诉大家应该怎么看待你所做的某件事，并通过态度的改变来治疗世人的焦虑。对画画的态度如此，对万事万物的态度亦如此。这种态度的自由切换能力，将让你达到符合斯多葛主义标准的"清醒"状态。

前言　快节奏的生活

如今周围所有事物的发展速度都越来越快。生活节奏也在加速。我们发现自己正感受着层出不穷的新技术的反复冲击，工作上一轮又一轮的变化，各种流行趋势转瞬即逝，即便是食物也花样繁多。刚刚到手的智能手机必须升级，才能运行最新的应用程序；工作场所的IT（信息技术）系统还没有来得及让大部分员工熟悉操作方法，就又更新了版本；还没想好如何去忍受一个令人讨厌的同事，公司就发生了结构调整，自己又不得不学习与另外一个全新的团队相处。工作在"学习型组织"之中，唯一不变的就是无休止的变革，唯一能确定的是，我们昨天学到的东西到了明天就会过时。终身学习和技能提升已成为整个教育系统、商业世界及其他各行各业的核心理念。

社会学家用"流动的现代性"来描述我们所处的时代。这个时代的一切都处于永无止歇的变化之中。[1]时间被视为"流动的",就好像一切限制都被清除了。为什么会这样?实在没人能明白,也没人知道我们要奔向何方。有些人宣称,全球化,更具体地说是"全球化带来的威胁",意味着不断的变化是不可避免的。企业需要适应不断变化的需求和各式各样的指标,所以就需要员工能够变通,能够对变化做出反应。至少在最近的几十年,各式招聘广告中都重复着同样的套话:"我们正在寻找一个懂得变通、适应力强、对职业方向和个人发展保持开放心态的人。"如今心如止水是一条滔天大罪。如果我们站在原地,而其他人都在前进,那就相当于我们自己在倒退。

基于流动的现代性(也被称为轻灵的资本主义),后福特主义和消费社会的首要法则就是,我们绝不能掉队。[2]但处于一个步伐在不断加快的文化之中,做到这一点变得越发困难。我们做每件事的节奏,从换工作到写论文,再到一日三餐,都在不断地加速。比如,现代人每晚的睡眠时长比1970年的平均睡眠时长少半个小时,比19世纪的人少两个小时。[3] 在生活的几乎所有方面,节奏都加快了。我们现在谈论的是快餐、闪电约会、有效打盹和短程疗法。最近,我试了一款名为"Spritz"的手机应用。它每次只显示一个单词,但可以将我的阅读速度从每分钟250个单词提升到500~600个。这样我就可以在几个小时之内读完一整本小说。但这样做能不能帮我们更好地欣赏文学名著呢?为什么阅读的速度反而变成了阅读的目的呢?

不满于这种节奏变化的批评者提出,快节奏会导致人们对自己从事的活动产生一种普遍的疏离感,总是感觉时间不够用。从理论上讲,技术的进步本应该帮我们节省出更多富余时间,让我们拿来与子女相处、制作陶艺品或者讨论政治。但事实上,我们将省下的时间用到了新的项目上;还在早已排得满满的日程表上见缝插针,技术进步起到了相反的作用。在我们凡人的眼中，永恒的天堂不再被看作苦旅尽头的甜蜜奖励，我们只想着用尽可能多的事情填满在这个星球上相对短暂的一生。这种努力是徒劳的，注定失败。人们很容易将如今高发的抑郁症和精神倦怠归因于个人难以承受持续的加速。放缓的个体——放慢了脚步而不去加速，甚至可能完全停滞不前——在一个以蒙眼狂奔为特征的文化中显得格格不入，甚至有可能被认为需要去看病（被临床诊断为抑郁症）。[4]

我们如何才能在加速文化中保持不掉队？不掉队就意味着要一门心思地去适应，也意味着在个人修养和专业层面上的持续提升。对此持怀疑态度的人把终身学习称为"学到死为止"（对于很多人来说，好心的咨询师们那没完没了的课程就是某种形式的折磨，甚至是炼狱）。在现代学习型组织之中，管理架构扁平化，诸多责任下放，团队自主，工作和私人生活之间界限不明，甚至根本不存在边界，因此我们的个人能力、社交能力、情感能力和学习能力被认为是最重要的。在没有老板下达指令的情况下，我们必须能够与其他人协作，并根据直觉来做决定。时至今日，理想中优秀的员工需将自己视为各种能力的储备库，并把关注、提升和优化这些能力视为自身的责任。

昔日被视为私人事务的各种人际关系和实践，现如今都被公司和组织机构当成工具，用来推动员工的发展。情感和个性已经被工具化了。如果我们无法忍受这样的节奏，比如跟不上进度、缺乏活力或全面崩溃，那么开出的药方就是培训课程、压力管理、专注当下和积极思考。我们全都被建议要"活在当下"，而当周围的一切都在加速的时候，人很容易失措，完全丧失时间感。回顾过去被认为是倒退，而未来只是存在于想象中的、彼此并无关联的一系列片段，并不是清晰连贯的一条人生轨迹。但是，当周围的世界都如此专注于短期效果的时候，我们有没有可能制订出长期的计划呢？我们还应该去尝试吗？若一切都会无可避免地不断发生变化，又何必操这个心呢？如果一个人矢志于长期理想、稳定的目标和价值观，他会被其他人视为顽固和僵化——培训顾问管这种人叫"变革的敌人"。"积极思考,寻求解决方案"是我们的口头禅,我们不想听到更多的抱怨,也不想看到更多张苦脸。批评需要被消除,它是负面情绪的来源。每个人都知道,只要我们"做自己最擅长的事",一切就会变得更好,不是吗?

流动性,还是稳定性?

在一个加速文化中,流动性胜过了稳定性。我们需要脚步迅捷,"如流水一般",灵活应变,能跟上不同的节奏,随时转向。而稳定和扎根意味着我们被困在了某个地方。我们可能会做到像花茎一样柔顺,但被连根拔起并移到其他地方就没那么容易做到了。在加速文化之中,"落地生根"这个词听上去有些陈腐。生根就是要与其他人(如家人、朋友、社区)、与理想、与地方,或是与工作场所建立联系,让我们体会到某种归属感。但如今这个词的积极的含义往往被消极的定义瓦解了。从人口统计学的角度来分析，我们之中"生根"的人越来越少——我们换工作、换伴侣和换住所的频率大于前几代人。我们更喜欢用被"困住"这个词，而不是"生根"，而且生根也不再带有褒义色彩。"你已经适应了这份工作"也不再是明确的赞扬。

市场营销是当代这类现象尤为显著的竞技场之一。广告就是资本主义的诗歌，显露出了社会潜意识的、象征性的结构。几年前，我看到过一则洲际酒店的广告，上面写道："你不可能有最喜欢的地方，除非所有地方你全都见识过了。"这句广告语的旁边还附着一张热带岛屿的照片和一个问题："你过上洲际生活了吗？"[1] 言下之意，我们只有在去过所有地方之后，才会感觉到自己对某个特定地方心有牵挂。这差不多是流动和生根最为极端的对比。找到自己心有所属之处的同时，也把世界上其他伟大的地方都隔绝在外了。将同样的道理应用到生活的其

---

[1] 洲际酒店英文为 InterContinental Hotels。该句英文原文是：Do you live an InterContinental life? 此处 InterContinental 一语双关，既代指洲际酒店，也有在不同大陆间生活之意。结合上下文，即为询问是否去过世界上很多地方。——编者注

他方面是极为荒谬的，但类似的说法并不鲜见：没尝试过所有的工作，就不能找到最喜欢的那一个；不"试婚"所有候选伴侣，就不能确定最终要和谁结婚。谁能知道换个工作会不会让我们的人生更上一层楼呢？谁又能确定，新的伴侣会比现任让我的生活更加充实？身处21世纪，在一个更倾向于流动而不乐于生根的时代，人们在与其他人，包括配偶和朋友，确立稳定的关系这一点上有着非常大的障碍。在大多数情况下，我们与其他人的关系是所谓的"纯粹关系"（pure relationship），即完全建立于情感之上的关系。[5] 纯粹关系不存在外部的标准，而且现实考量（比如财务保障程度）也不会对其产生任何影响，它只关乎与另一个人交流时产生的情感效应。如果与伴侣在一起的时候，我是"最完美的自己"，那么这段关系就是合理的，反之就是不合理。我们把人际关系看作临时的、可替代的。其他人只是我们个人发展中的工具，而非有血有肉的个体。

本书基于一个前提，那就是生根和稳定都是很困难的。我们现在全都关注流动和前进。在可预见的未来，我们极有可能无力改变这种趋势。这并不是说,我们打心底就非常愿意回到那种完全受亲属、阶层和性别等因素支配的生活状态。流动的现代性将人们从这些束缚中解放出来,有其独特和人性化的一面,但程度有限,因为性别和阶层这类因素显然在塑造个人潜力方面持续发挥着重要作用,即便在追求平等主义的现代福利国家也是如此。不幸的是,许多人都相信自己能够"做任何事"(尤其是这种想法被强加到了年轻人的身上),因此,当发现光靠自身努力不足以实现目标之后,自我鞭挞这种反应就完全可以理解了。如果我们能做任何事,那么若是不能成功把握住工作或爱情(弗洛伊德认为,爱和工作是人生最重要的两个方面),那一定是自己犯错了。[6]难怪现在有那么多人期盼着通过确诊精神疾病来掩饰暴露出来的自身能力不足。制药巨头葛兰素史克就有一条散发着诗意的广告语。它在推广自己生产的抗抑郁药物"快乐丸"帕罗西汀时宣扬道:"吃得更多,感觉更好,活得更久。"其实这些都是加速文化的核心目标,而治疗精神病的药物竟然有助于我们实现这些目标:吃得更多(不去考虑自己吃的是什么),感觉更好(不去考虑到底是什么触动了自己的情感），活得更久（不去考虑生活质量）。在加速文化之中，我们很少考虑做的事情的内容或价值。自我发展本身成了最终目的，并且一切都以自我为中心。在一个被齐格蒙特·鲍曼形容为"全球旋风"的世界里，如果我们觉得自己毫无自我保护的能力，那么我们就会变得更为自我导向（self-oriented），不幸的是，我们因而会变得更加无法自保。[7]这样就形成了一个恶性循环。为了掌控这个充满不确定性的世界，我们越求助于内心，就会变得越孤立，而我们越孤立，外在的世界也就显得越不确定。如此反复，最终发现自己只剩下了自我导向。

找到自己的立足之处

如果流动性是现代文化的终极要义,并且很难做到落地生根,那么我们能做些什么呢?尽管有可能会加重个人近些年来本已很繁重的负担,这本书还是要传达这样一个信息:我们应该学会坚守本心,也许,通过这样做,最终我们可以找到自己的立足之处。这话说起来容易,做起来难。我们周围充斥着关于发展、变革、转型、创新、学习和其他动态概念的杂音。我们不停地被灌输加速文化。在这里我要把话说明白:我非常清楚有些人不想坚守本心,因为他们在加速文化中过得很好。尽管我相信,随着时间的推移,这些人会面临丧失个性和错过生命中重要方面的风险,但我当然也能接受他们对无尽的变动的偏爱。这本书并不是写给这些人的。这本书是为那些确实想找到自己的立足之处,但又无法表达出这个意愿的人所写的。这些人甚至可能已经努力尝试过了,但被同辈取笑为死板、顽固或者被动。

我们所处的世俗时代充斥着严重的存在不确定性(existential uncertainty)和焦虑,这使得我们难以坚守本心。这导致的必然结果就是,在面对各式各样的指导、治疗、培训、正念、积极心理和整体自我发展时,我们中的大多数人很容易上当受骗。就像食疗、养生和健身等领域里发生过的事情一样,一种宗教已经产生,它不断炮制出大量的新教条和规范,让人们去遵行。前脚还在宣扬人类应该根据血型挑选食物,后脚又让大家遵循旧石器时代祖先们的饮食习惯。我们(我并不羞于把自己算进上述这一群体之中)尽管缺乏目标和方向,却还在忙着寻找关于幸福、发展和成功的最新秘方,一刻都不得闲。从心理学的角度看,这类似于群体依赖。卡尔·赛德斯特罗姆和安德烈·斯派塞称之为健康综合征（Wellness Syndrome）。[8] 对香烟和酒精成瘾的人越来越少，却似乎有越来越多的人更依赖于来自生活方式导师、自我发展宣扬者和养生大师的建议。无数的培训师、治疗师、自我发展专家和积极性顾问应运而生，帮助我们适应加速文化。不可计数的励志书籍和各式各样的"七步指南"被写出来鼓舞和支持个人的发展。畅销书排行榜上，有关美食、养生、励志和名人传记的书籍比比皆是。

这就是为什么我也要把这本书写成"七步指南"。我希望它能完全扭转人们对积极和发展的一些观念，而这些观念盛行于加速文化之中。我希望人们能在自己的生活中，识别出时代精神存在的一些问题，或许可以整理成一个词汇表，去批驳有关无休止发展和改变的所有辞令。我的想法是，让这本书成为反励志的那一类书籍，引导人们去改变自己既有的思考方式和生活方式。我的主张是，为了在加速文化中存活下去，为了坚守住本心，我们应该从古典的斯多葛学派中寻找启示，特别是斯多葛主义看重的自我控制、心灵平和、人性尊严、责任感以及对有限生命的反思。这些美德能成就某种意义上更深层次的满足感，而非肤浅地仅仅关注永恒的发展和变革。斯多葛主义本身就是让人着迷的传统文化，当然也是西方哲学的基石之一，但它出现在本书中，纯粹是出于实用主义的原因。为什么要拾人牙慧般重捡斯多葛学派呢？让我产生兴趣的是斯多葛主义和我们这个时代及其面对挑战的相关性，而不在于我们是否能在其当初繁盛的时代背景中正确地解读它（可能也做不到）。我选择性地引用了斯多葛学派的观点，因为这派哲学的一些方面我是非常不认同的（更详细的说明，请参阅附录）。

斯多葛学派源于古希腊，之后被古罗马的思想家继承。其代表人物包括罗马人塞涅卡、爱比克泰德、马可·奥勒留，还有人认为西塞罗也算在其中。[9]本书并不打算介绍斯多葛主义的思想，我只想利用斯多葛主义的一些内容来回应现代生活中存在的挑战：

- 我们如今被鼓励进行积极观想（幻想成功的美好前景），但斯多葛主义建议采用消极观想（能不能接受失败）；

- 我们如今被鼓励面对不断出现的新机会要做好准备，但斯多葛主义建议我们承认并庆幸自己的局限性；
- 我们如今被认为可以随时随地放纵自己的情感，但斯多葛主义建议我们学会自律，甚至在有些场合要抑制自己的情感；
- 死亡如今被认为是该回避的话题，但斯多葛主义建议我们每天都要思考自己的死亡，这样才能滋养出对现有生活的感激之情。

简而言之，本书面向的读者，是正在寻求话语权，来驳斥在加速文化中发展应势不可当之论调的人。我们遇到的各种危机——生态危机、经济危机或心理危机，很大程度上都是由无休止的成长论和无处不在的文化加速所导致的短视哲学造成的。斯多葛主义并不是万能药，但它或许能够激励人们在守住本心的情况下找到自己的新生活，欣然接受现在的自己和如今所拥有的，而非无休止地成长和适应。这听上去似乎符合对保守主义的定义，但我反而认定，在一切事物都在加速的文化之中，一定程度上的保守主义也许才是真正的进步方式。让人感到矛盾的是，那些真正坚守住本心的人反而对未来的一切能做出万全的准备。我知道，这本书无法解决需要整体方案和政治行动才能处理的基本社会性和结构性问题，但也许可以帮助一些读者，比如像我这样的人，他们对当前的一切潮流感到非常不适，那些潮流从工作和学习一直延伸到私人领域，一旦经过冷静思考，就会感到荒谬和怪诞。我也充分意识到本书的自相矛盾之处，因为它就是本书试图挑战的个人主义的一种表征。然而，我希望在强调这一矛盾的时候（仿照"七步指南"的形式），能让人们注意到加速文化中的种种弊病。用来支持我的论点的所有例证都是为了让世人了解到，世俗的智慧实际上那么扭曲，且问题多多。

接下来的七章将会沿着找回自己的立足点并坚守本心这条道路上的一个个步骤依次展开，目的是帮助读者摆脱对发展、适应、治疗和生活方式领域大师们的依赖心态。任何一个参加过积极思考课程的人都可能会认为，本书把我们这个时代描绘成了一幅夸张且悲观的图景。说得不错！这也正是本书要表达的观点之一：抱怨、指责、忧愁，甚至可能还要加上十足的郁闷和悲观，对我们都大有裨益。摆脱了加速文化，并且注意到别人眼中积极的事其实也有消极的一面时，会给我们带来某种无法忽视的快乐。亲爱的读者，你们将会在追随这个"七步指南"的过程中逐渐感受到这份快乐。本书可能会让人染上一丝丝的自命不凡，但我们会观察到他人像仓鼠一样在转轮里面原地狂奔，仅仅是为了某种崇拜、一段潮流或一项使命，或是更大的市场份额，抑或是更有魅力的伴侣。这时我们也许能意识到自己已经做得足够多了，也能明白这并不是一种成熟的生活方式。儿童和年轻人应该有能力发展和变通，这一点毋庸置疑，但作为成年人，我们要能够坚守本心。

本书提倡的消极主义自有其令人耳目一新的方面。当然，它不应该退化为虚无的悲观主义，引发辞职、倦怠或抑郁。相反，它应该引导我们接受自己的责任和使命，并正视自己的命运。正如斯多葛学派的观点，对生命之短暂及诸多无可回避问题的反思，会唤起我们要与他人同舟共济的信念，这里的他人包括周围所有人。消极主义为我们提供了时间和机会，去审视和批判生活中存在的问题。它将帮助我们习惯专注于生活中的重要事物：做正确的事，即履行自己的职责。

在我最初的设想里，这本"七步指南"中该有的一步是"永远不要相信'七步指南'"。尽管我现在还认为这是一条很好的建议，但我觉得将其作为一整个章节的主题还是太过单薄了。所以，最终的"七步"为：

1. 停止省视内心
2. 注重生命中消极的方面
3. 学会说"不"
4. 抑制自己的情感
5. 解雇你的培训师
6. 读一本小说——不是励志书，也不是传记
7. 回顾过去

每一章开篇我会提出一条建议，然后我会解释并举例说明为什么这样做是正确的。我会适当提及斯多葛学派哲学家给我带来的启示，并展示他们的思想如何能预防加速文化带来的种种弊病。还会提供一些实践练习，帮助你们坚守本心。附录里有关于斯多葛主义更为深入的资料，主要提供给想更多地了解斯多葛学派传统以及它与现代社会关系的那些读者。

总的来说，本书也应被当作一本励志书（尽管本书的初衷是让读者摒弃同类型的其他书籍）和伪装成"七步指南"的文化批判。它的理念就是要阻止人们对内在自我的过度依赖，并鼓励大家形成一个更为全面的世界观。

第一章

停止省视内心

一个人越是热衷于省视自己的内心，他的自我感觉就会越差。医学上将这种现象称为健康的悖论，即患者获得的帮助越多，就越是想自我诊断，感觉也就越来越糟糕。绝大多数励志大师都会鼓励人们在做决定的时候，要依从自己内心的直觉。千万不要这么做！这并不是个好主意。自我剖析，每年做一次也就足够了，在酷暑难熬的假日里干这个正合适。总的来说，这类深刻的自我反省往往被视为"发现自我"的一个工具。但反省来反省去，到最后差不多总会让人陷入失望，结果只能无奈地瘫坐在沙发上，妄图用巧克力填满自己的空虚。

"剖析自我"和"发现自我"是当代文化中最为流行的两

个概念。二者并非完全一致，但在很多方面是相通的。为了找到真正的自我，并非父母、老师和朋友口中的那个自己，我们需要剥去一层又一层的假性知觉，学会倾听内在自我的真实声音。每当心生困惑（谁能没有困惑呢？）时，我们也许会向其他人寻求建议："你认为我该怎么办呢？"但得到的回应往往是："遵从自己内心的直觉。"近几十年来，人们一直在用这样的方式相互勉励。这种做法至少要追溯到20世纪60年代，即"青年文化"（youth culture）大行其道的年代，社会规范和外在权威在那个时期被民众抛弃，人们转而求助于自我反省。本书的第一步指导就是要让读者认识到，通过审视内心是无法找到答案的。将直觉和内省提升到如此重要的地位并无用处。

乍看上去，有人会认为这种说法有悖于直觉，但它反而是个常识。如果有人遇到了麻烦并要寻求帮助，能不能根据帮助他们给我们带来感觉之好坏，来选择提供帮助的方式呢？如此行事难道不是非常荒谬吗？我们需要考虑的是寻求帮助的那个人，而我们提供帮助的侧重点，应为在力所能及的范围之内尽快施以援手，而不应考虑这样做会给自己带来什么样的感受。科学、艺术或哲学的爱好者坚称爱因斯坦、莫扎特或维特根斯坦的知识成果增加了人类的经验，你在确定自己对这些是否有兴趣之前，不会问自己："他们说得都对，但这又能让我感觉如何呢？"其实在这个时候，我们更应该将注意力放到那些人陈述的实际内容上，而不是他们的表达方式给我们带来的感受上。我们需要学会的是向外看，而非内省，要做到愿意接受其他人、其他文化和大自然。我们需要承认，自我并非过好生活的关键所在。"自我"仅仅是一个概念、一种结构，甚至是文化历史的副产品。自我的本性决定了它理应更外向，而非内向。

那种凡事求诸己的方式源起于20世纪60年代的反专制精神，它如今已经在很多学校和工作场合中变成了一项制度。人们期望学生找到的答案不仅仅来自书本或自然界，还要来自他们的内心；学校还要求学生将自己划归为视觉学习型、听觉学习型、触觉学习型和主动学习型中的某一类，并根据分类有针对性地调整个人发展路径。

自我发现和自我省视的心灵之旅被誉为提升学习效率的康庄大道。雇主们派员工接受个人发展的培训，管理层引导下属识别和发现内在自我和自我核心竞争力。"指导手册就在你的心中"这个口号出自奥托·夏莫神秘的《U型理论》一书（后面还会提到该书内容）。也许现在正是时候，来审视这已经实践了四十年的"省视内心"是否真的给我们带来了什么益处，我们这样做就能找到自我吗？确实有可能找到自我吗？这是否值得我们去尝试？对于这些问题，我一律给出了否定的回答。

直觉

"根据直觉做出决定"的说法司空见惯,甚至已成为大型跨国公司高管的口头禅。2014年,《每日电讯报》在一篇文章中宣称:"直觉仍为商业决策之王道。"一项调查显示,只有10%的高管表示,如果现有数据与他们的直觉相违,他们会依从数据分析结果,而不是凭直觉行事;而其余的人要么选择重新分析数据,要么直接忽略数据,要么去搜集并参考更多的信息。[1]其中一些人甚至会求助于杂志或励志书籍,寻找办法来分辨自己直觉的可靠性。[2]接下来,我编造的一份指南中就包含了普通生活类

杂志能给出的典型建议：

1. 选一个舒服的姿势。闭上眼睛并将注意力转移到内心。深吸一口气，保持住，然后呼出。将以上的呼吸步骤重复三次，接下来感受呼吸训练为你身体带来的变化。

2. 现在，感知你的身体，从脚尖开始一点一点地放松。在放松的过程中，你将感受到与自己的本体、自己的需求及自己内心的声音更为真诚的接触。

3. 体会自己内心深处的变化。当你有所觉察的时候，不要尝试用任何方法做出改变。哪怕开始时有些不舒服的感觉，也不要回避它。在这里，你开始接触到自己的灵魂，有些人也喜欢称之为内核。

4. 提出问题。所有的答案本来就存在于你的内心之中。每当你发掘出一些自己无法完全理解的事情时，要先问问自己为什么。扪心自问，你能从中学到什么，并坚信最终会得到答复。答案的形式可能是一个想法、一个形象、一种身体上的觉知，或者一些具象化的直觉。

5. 利用直觉。遵照你的感受来行动。让你的直觉去驾驭生活。一旦敢于敞开心扉,你就会变得成熟。你将不再需要迎合外部的世界。新的机会也将不断出现。

以上这份"指南"像模像样地模仿了励志市场中无聊的一面,相较于意志培养和个人发展行业中形形色色的大师和咨询顾问推崇的建议,内容相差并不太远:首先一定要放松,绝大多数人都会承认,偶尔放松一下会让人身心愉悦;接下来就该通过聆听内心的声音来体察自己的需求。从这里开始就有点脱离现实了,因此以后只要听到类似的话语,我们就应该提高警惕。来自我们内心深处的声音是否真的值得去听从?万一内心的声音认为你应该在员工派对上勾引身旁那位已经有长期伴侣的漂亮同事呢?这类指南的作者绝对会强烈反驳说,员工派对上的行为并不真正与内在的核心有关。当然,这也是一种解释。但我们又怎么能确定二者无关呢?获得答案的唯一办法就是更为深入地剖析自我,但这终将让自己陷入一场毫无意义的死循环,让我们变得完全麻木。菲利普·库什曼曾假定，抑郁症在西方社会普遍存在的原因，是过度地向内心寻求答案——人们总是想揣摩自己的感受，并依靠某些疗法去发现自我，就在他们意识到自己内心深处实际上一片虚无的那一刻，抑郁感就降临了。[3]若是像人们常说的，"生命的意义在于从内心寻求答案"，那么一旦发现那里并无答案，反而会让生命失去意义。所以在省视内心上花费过多的时间，会让我们面临最终收获失望的风险。

另外一个风险则是获得了完全错误的答案。上文的指南中写道："所有的答案本来就存在于你的内心之中。"想想这个说法有多么奇葩！面对气候变化，我们该如何应对？如何做烤饼？"Horse"在中文里叫什么？本人是否具备成为一名优秀工程师的条件？据我所知，这些问题的答案并非隐藏在你、我或其他任何一个人的内心之中，更不是最后那个关于工程师问题的答案。对于一名优秀工程师应该具备的品质，社会上已经形成了一套客观的标准，比如技术技能、数学理解能力等，这些能力的标准与任何人的内心感受并无关联。其他人也能根据某些标准对工程师的专业能力加以评判。指南的最后一步是利用直觉——"你将不再需要迎合外部的世界"。说得像是真的一样!只有独裁者才享受无须与人相处的"特权"。对普通人来说,这更像是终极诅咒,而不是特权。罗马帝国皇帝尼禄强行点燃了罗马城,只是想招惹其他人的一丝反抗,好让自己能体验一次无法随心所欲的现实世界。就像克尔恺郭尔说的那样:"这样一个人,整个世界面对他都要俯首称臣,他无时无刻不被无数欲望使者簇拥着。"[4]尼禄感受不到需要适应周边环境的压力,他的整个世界仅仅是自己需求和欲望的体现。然而,我们是普通人,需要去适应周围的世界。

正如本章开篇所提到的,过度的自我分析伴随着一种实实在在的风险:要去感知某些实际上毫无意义的东西,又要通过"感知"的过程来获取意义。自20世纪80年代以来,医生就一直把这种情况称为健康的悖论。[5]更多、更好的诊疗手段反而让人们陷入了无休止的自我诊断之中,结果让自己感觉从头到脚都不舒服,甚至患上了疑心病。总之,医学越是发达,人们就越觉得自己病得很严重。仅凭这一点就能让我们摒弃一切的自我分析吗？有些事情可能会让我们感觉非常好，但立即凭感觉行事，就抛弃了自己极有可能在一两分钟后产生完全不同感觉的可能性。关键在于，直觉天然就与理智对立。如果一个人对坚果严重过敏，但他极为想吃含有杏仁的小松饼，那么在吞食了一块松饼后，他绝对会发誓，再也不相信自己的直觉了。

找到自我，还是接纳自我？

反复告诫自己要考虑自己的感受，这往往就是"发现自我"的前兆。大众心理学和当代文化都在传播一个观念，那就是真实自我（也叫内核，也有人会随心所欲地为它冠上各式各样的名称）原本就存在于我们的内心之中，但在融入社会的过程中，以及接受其他人对我们提出的要求后，又造出了一个后天形成的自我。而这个后天的自我是需要我们去努力克服的。20世纪六七十年代，"自我实现"这一概念出现了，它指的是剥离那个假性自我（faux self），倾听自己内在的声音，反思自己内心的想法，从而最终活成真实的自己。

我在前面提到过一个理念,那就是带着健康的怀疑态度去看待内心的声音是值得的。我们也许应该这样反问:为什么要认定内心之中的那个自我才是最真实的"自己"?为什么自我就不能反映在我们的行为、生活、与其他人的关系,以及其他所有外在表现上?哲学家斯拉沃热·齐泽克如是说:

> 让我感兴趣的是……相比于真正的、内在的自我,其实在我们选择的面具上承载着更多的真相。我相信的一直是面具本身,从来不是戴着面具这种姿态下蕴含的解脱潜力。让我们揭下面具吧……真正的面具就是真实、真正的自我。真相恰恰就伪装成了假象……我相信异化,但相信的是在对身份认同的外部观点……意义上的异化。真相就在外部。[6]

在心理学和哲学面对如何解释"向内寻找自我"这种现象会出现束手无策之际,社会学也许能够提供一点点深刻的见解。为什么人类开始用这样的方式来看待自己？为什么我们会忘记真相就在外部，而非在我们的心中？德国社会学家和哲学家阿克塞尔·霍耐特提出了一个可能的答案。他认为"答案就在我内心"以及人生的终极目的是自我实现之理念，很可能早在20世纪60年代产生了某种具有解放性的吸引力。[7]在那个年代，人们渴望摆脱僵化的社会对个人和人类的发展施加的不必要的限制。霍耐特认为这种向内的转变很可能曾经被当作合法抵制"体制"（父权制、资本主义等）的绝佳手段，但后来它变为现如今同样的体制让其自身合法化的基础。他认为后现代消费社会（在本书中我称之为加速文化）培养了灵活、多变，并持续专注于自我发展和推陈出新的个人。在一个基于增长和消费的社会中裹足不前，无异于异类。自我实现风暴助长并提升了市场对具有奴性和灵活性的劳动力的需求。这就是为什么在过去的五十年里，各式各样表面化的进取型管理和组织化理论都聚焦于"完整的人""人力资源"以及通过工作实现自我的理念。[8]

自我实现不再是一个具备解放性的观念。相反，它要让我们接受一个观念,即我们必须向着有利于自己职业地位的方向发展甚至变现我们的内在自我。如今,对于体制的真正反抗不应该包含向内寻找某种形式的自我,或其他什么东西,而在于抛弃整个观念,找出方法去接纳现有的自己。"我不需要提升自己"这句话在绩效和发展自评中很少出现。事实上,鉴于主流的正统观念,这样的话无异于异端邪说。

悖论机

为什么仅仅采用心如止水的方式就可以对抗体制?为了更好地解释这一可笑之处,也许可以将加速文化描述为悖论机。就其本质而言,加速文化特别容易产生悖论,特别是在这个寻找自我的整体观念的影响下。如果为了达成一个目标而付出的努力,实际上反而妨碍了我们去实现这个目标,那就是一个悖论。如果帮助别人的行为反而使受助者产生依赖,甚至需要更多的帮助,那么就成了一个悖论。对于一些精神病患者,这种自相矛盾的逻辑是内生的——想过上健康的生活可能会成为一种执念，一种不健康的执念。同样，将世界分类为理性系统的野心也会变为一个非理性的执念。

对于社会整体而言，我们发现这个悖论机运行在更大的尺度下和各种场景之中，比如本意是尽力解放工薪阶层及其子女，却实施批判性的、反权威的"从做中学"，这些孩子由于无法达到相应的对主观能动性和自我发展的无尽要求，最终完全迷失在碎片化的教育结构之中，结果又产生了新的不平等（这种不平等近些年来甚至还在加剧）。然而，中上阶层人士的后代就不会遇到这样的问题。同样，工作场所的人性化，以及团队自主管理的导入、责任的下放和通过工作实现的个人发展，造成了社会学家理查德·桑内特所称的"个性的侵蚀"（不再有个人坚持的底线），导致了压力的扩散以及人际间忠诚和团结皆发生反人性式的瓦解。[9] 在加速文化中，持续地要求创新性和创造力，以及不断地"更上一层楼"，仅仅被用于巩固现有的秩序。在当代的管理手册中每每读到将"价值"用于需要"提升自我"的"完整的人"的内容，就仿佛在阅读20世纪70年代对资本主义的批判。一言以蔽之,原本通过打破压迫性传统及解放自身来改造社会的理念,如今已经改头换面,成了社会上新的压迫。将深刻反省用作自我发展,甚至自我实现的一种手段,已经成为加速文化及其产生的所有问题的关键心理驱动力。所以,如果我们能摒弃这些空话,不仅会让自己的生活变得更好,整个社会也会因此受益。

承认我们这个时代存在矛盾本质的举动可能会对个人产生严重的影响,但同样也可能引发对自身的重新定位。其后果本身也是自相矛盾的——保守主义及其对传统的偏爱反倒脱颖而出,成了真正的进步元素。之前被认为具有压迫性的事物会不会也许真的具有解放性?习惯和按部就班会不会比永无休止的革新更具潜力?也许敢于平庸的人才是真正的个人主义者?就像在影片《布莱恩的一生》中,主人公在被宣告为救世主后,他向他的追随者说道:"瞧啊,你们完全搞错了。你们不需要追随我。你们也不需要追随任何人!你们得自己想想。你们都是一个个大活人!"救世主教导大众做自己的重要性,不要盲目地跟随他，人们必须做自认为正确的事情。对此，信徒们异口同声地回应道："是啊，我们都是大活人。"唯有丹尼斯说"我不是"。让人感到矛盾的是，他通过否认，坐实了自己的与众不同。也许，这与"发现自我"没有什么区别——那些否认尝试去"发现自我"能带来益处的人，可能反而是最真实的，或者至少称得上具有一定程度的自我意识。那些拒绝"寻找并发展自己"那一整套意识形态的人，更有机会过上在一定程度上对自己诚实的生活——拥有完整并持久的自我认知，才能坚守住生命中重要的东西。

受18世纪卢梭思想的影响，我们认为人生的重要之处在于"做自己"、倾听"内心的声音"，卢梭就是最早写出这样文字的人之一。他在著名的自传《忏悔录》的开头写道：

> 我在从事一项前无古人、后无来者的事业。我要把一个人的真实面目全部展示在世人面前。此人便是我。只有我能这样做。我洞悉自己，也了解他人。我生来就有别于我见过的任何一个人。我敢担保自

己与现在的任何人都不一样。虽说我不比别人强，但至少和别人都不一样。[10]

卢梭非常清晰地表达了一个观点，那就是"做自己"有着某种内在价值。不管我们现在想成为什么样的人，简简单单地做自己是有价值的。当然我们现在也了解到，真实的世界并非如此。事实上，做自己根本没有任何内在价值可言。另外，真正有内在价值的是去履行与自己有关联之人的义务（履行我们的职责），而这样做的时候我们是否在"做自己"根本就无所谓意义。通常，对自我的探索甚至会导致他人的利益在这个过程中被牺牲掉，从而让我们难以正确地履行对他人的责任和义务。我宁愿告诫大家，最好是对自己的直觉保持一定的怀疑，怀疑是否能找到自己，更不要一味地跟随直觉，盲目追求那个难以捉摸的自我。一旦我们接受了自我是不可能被弄明白的，直觉也是不可靠的，这种怀疑本身就成了一种美德。在第一步和第二步之后，本书中的第三步提供了对有用的怀疑更深层次的讲解，包括对自己的怀疑。后续章节还会有更多此类内容，但首先我们还得去练习忽略自己的内心感受。

我们该怎么做？

面对之前描述的弥漫于当代文化中的对内省和自我实现的需求，我们理所当然地会反问一个显而易见的问题：我能做什么？为什么不能少一些抱有期待的内省呢？对此，斯多葛学派的哲学家不仅有答案，甚至还有能够帮助我们解脱的一些具体的练习方法。万事开头难，但无论如何，总要试一下。最显而易见的一条建议就是，尝试一些自己不想做的事情。那是一些让人的内心感觉不太对劲的事情，但因为与我们的感觉无关，它们又有可能是正确的。现代斯多葛主义者威廉·欧文称这种方法为"自寻不适的计划"。[11]这些事情并不一定是十分戏剧性的，比如像当代某些禁欲的神秘主义者那样让自己饿上几个星期。它们可以是一些非常简单的事情，比如，我们即使不节食，也要控制对甜点的欲望；或者少穿一点衣服，带一分寒；或者在开车更方便的日子里，搭乘公共交通；或者在雨中骑车，而不是乘坐公共汽车。

"这些疯狂的做法有什么深意吗？"我们自然会这么想。根据斯多葛主义的观点，练习做那些让人内心感觉不对的事情有相互关联的多重益处。首先，它会帮助我们加强力量，以应对未来可能发生的任何考验。如果我们之前只了解舒适的感觉，并且从来没有经历过挫折，那么我们可能会难以承受在生命中某一时刻不可避免的一些困难。例如，将来我们会生病，会变老，也可能会失去非常亲近的人或有价值的东西。其次，如果我们在可控的范围内练习去承受不适，就能缓解对未来发生不幸的恐惧。欧文认为，忍受轻度的不适能让我们认识到，不愉快的经历并不一定是我们应该畏惧的。如果我们能认识到这一理念——当我们深入自己的内心寻找答案时，原本就不应总是感觉很好——那么未知的未来就不会那么让人担心了。最后，在体验到"失去"之后，我们会更感激现在所拥有的。雨中骑车的经历会让我们更欣慰有一张公共汽车的交通卡；乘坐公交车长途旅行后我们更能体会到开车的便利；等等。就像很多古代哲学家都提到的一个事实：饥饿的时候，我们对饭食的满意程度会大大提升。如果我们学会，再美味的食物放在面前，也要等到饿了之后吃，那么就能体验到食物更好的滋味。试一下吧，这是一个很简单的练习。

在《沉思录》第七卷中，罗马帝国的哲学家皇帝马可·奥勒留恳请我们不要理会"肉体的躁动"。屈从于"肉体的躁动"，很可能就是罗马版的"审视内心"并跟随自己的直觉。奥勒留恳请我们不要理会它，否则我们就有可能成为自身肉体躁动的奴隶。这种对内的聆听抵消了等式另一边的理性，让我们很难在特定的环境中理解（和履行）自己的职责。关键之处不仅在于不应当花费太多的时间去思考内心，更在于当肉体的躁动过于强大以至于无法回避的时候，我们能够在恰当的时刻有足够的意志力去对抗它们。斯多葛主义认为，意志力就像肌肉，我们锻炼得越多，它就越强大。姑且不要在意以上那些过于简单的例子会不会带着一丝天真的意味，练习去拒绝一份甜品、一杯白酒或一次搭车，这些都不那么愚蠢。自我控制是斯多葛主义非常重视的一项美德，然而它在我们的加速文化中遭到了一定程度的反对，如今人们更喜欢"活在当下"，就像广告中提倡的那样"想做就做！"（Just Do It!）。总之，如果我们学会抵制各种（或多或少是随机的）诱因（无论是来自内心还是其他任何可能会伤害到我们感官的源头），就能更好地坚守重要的事物。

对于如何练习不从内心找寻答案，并且做一些自己不喜欢做的事情，我能给你们的最好建议就是，不要让自己被各类愚蠢的琐事缠住，而是去找一些具有道德价值的事情去实践，哪怕那样做的感觉并不会太好（合乎道德的行为并非总是让人感觉良好）。对应该表达歉意的人表达歉意，即便这样做会让人感到一点点的羞愧。或者还可以向慈善机构捐出超过自己真心想付金额的款项。从更长远的角度来看，如果那样做的结果碰巧给了我们很好的内心感觉，那就更棒了。这当然没有什么问题，因为现在我们已经懂得，是否要做正确的事情并不是由我们的内心感觉来决定的。当然，一名斯多葛主义者允许感觉良好，包括对于他自己的行为。衡量我们正在做的事情正确与否，并不能基于我们对这件事情的感受。

既然已经理清了这一点，是时候开始下一步的内容了。

第二章

注重生命中消极的方面

牢骚满腹总是比整日里元气满满要容易太多。确实，生活中总有太多的事情不尽如人意。所有人都会变老、生病，最终都会死去。如果我们每天花一点时间来思考自己的死亡，就会更加珍惜生活。这就是来自斯多葛主义的警句"memento mori"（不忘人终有一死）。

只要学会忽略那些经常出现的心理呓语，并不再凭直觉做决定，我们就为进入下一步做好了准备。如果花在内省上的时间减少了，我们就能有更多的时间和精力去做其他更重要的事情。但要如何充分利用这些时间呢？我们早就知道，试图找到自我是一种效果不佳的消磨时间的方式——我们所冒的风险是并不喜欢自己的发现，或根本一无所获。也许我们可以将时间用于制定未来的愿景，也许应该试着跳出框架来思考——想象一下，如果不存在任何限制，生活会是什么样子？毕竟，我们总是能听到所谓积极思考的优点。积极心理学家甚至认为我们应该培养积极的幻想，也就是说，为了能在生活中走得更远，我们要把自己想得比真实情况更为高明。

我们的第二步是更加注重自己生活中的消极方面，而非将注意力放到现有的或即将获得的积极事物上。这样做有多重好处。首先，它允许我们自由地思考和表达。很多人其实真的很喜欢抱怨。油价太高啦！天气太糟啦！天哪，长白头发啦！抱怨无法帮助我们找到生活的意义，如不能做到一吐为快，反而会让人感到更抑郁。其次，正视负面因素是解决问题的前提。我们可能没什么办法让星期六下午是个好天气，但如果不允许吐槽工作场所的糟糕状况，只允许谈论那些好的方面，我们最终会感到沮丧，并心生怨恨。最后，反思所有可能会落到自己头上的不利事件，还有那些最终无可避免会发生在自己身上的坏事（比如，即使是积极心理学家，最终也会死去），会让我们对自己如今的生活产生更多的感激之情。这正是斯多葛主义生命哲学的主要思想之一，也是斯多葛主义对人生的终极不幸（死亡）感兴趣的主要原因。我并不认为他们将死亡看得非常浪漫，或者认为死亡是值得庆祝的。对于斯多葛学派来说，死亡值得我们去思考，但这种思考完全是为了更好地服务于生活。

积极主义的暴政

屡获殊荣的美国心理学教授芭芭拉·赫尔德长期以来一直在批评她口中的"积极的暴政"。[1] 她认为,积极主义不但在美国尤为普遍,而且在大多数西方国家已经形成了一种被普遍接受的全球口袋心理学——我们每一个人都应该积极思考,应该具备资源导向型思维,应该把难题视为有意思的挑战。这种现象如今已经发展到有人认为重病之人应该"从疾病中吸取教训",进而成为一个在其他方面更为强健的人。[2] 大量励志书籍和痛苦生活的回忆录都出自身体和精神上有疾病的人之手,他们都会谈及自己是多么庆幸能经历一场危机,因为他们从中学到了太多的东西。我认为真实的情况是,在一个人身患重疾或发现自己陷入某种其他形式的生存危机之时,如果还被要求往光明的一面去思考,这会让他不堪重负。几乎没有一个作者会坦然承认自己的疾病自始至终都很可怕,他宁愿自己永远不要有这样的经历。励志类书籍的典型书名很可能会是"我如何经受住了煎熬——我从中学到了什么",但我们几乎不大可能找到一本名为"我还是很煎熬——这是一场永无休止的噩梦"的书。我们现在不光要忍受压力和疾病,并最终死亡,还要被其他人认为,应该觉得这一切会带来美妙的启发和回报。

如果有人像我一样觉得这一切已经过头了,那么就应该继续读下去,学会怎样通过强调消极因素来推翻"积极的暴政"。这会让我们为坚守本心做更好的准备。我们需要夺回"感受不佳"的权利——不受任何限制。幸运的是,有些心理学家已经开始意识到这一点了,其中就包括批判心理学家布鲁斯·莱文。他有一份清单,其中罗列了医护专业人士为人类添加苦难的方式,第一条就是积极的心理学箴言,即受害者首先应该调整自己的心态。[3]"你们只需向乐观的方面去想"这一类的言语最会让陷入困境之人深感被冒犯。凑巧的是,莱文清单上的第十条为"将人类的苦难去政治化"。这指的是把降临到人们头上的各种不幸都归咎于其自身的不足(缺乏动力、悲观心态等),而非外界的环境因素。

积极心理学

如前所述,芭芭拉·赫尔德教授是积极心理学最尖锐的批评者之一。自20世纪90年代末以来,积极心理学作为一个研究领域实现了爆发式的发展。积极心理学可以被看作加速文化对积极主义的痴迷在科学上的映射。在马丁·塞利格曼成为美国心理学会主席的1988年,这方面的研究才真正开始起步。塞利格曼声名鹊起,是因其提出,习得性无助是抑郁症的诱因之一。习得性无助是一种漠不关心的状态,或者至少缺乏改变痛苦经历的意愿,即使在有条件避免痛苦的情况下也无动于衷。塞利格曼通过对狗进行电击的实验发展了这一理论。在厌倦了折磨人类最好的朋友之后，他决定专注于更能鼓舞人心的事业，转而投身于积极心理学。

积极心理学拒绝关注人类的问题和痛苦，而这部分代表了此前心理学大部分研究成果（塞利格曼有时将传统的心理学称为"消极心理学"）。更确切地说，心理学反而变成了对生活之美和人性之善的一项科学研究。特别是，现在它需要解答的问题为，幸福是什么、如何获得幸福，以及如何找出人类性格的积极本质。[4]作为美国心理学会的主席，塞利格曼凭借自己的地位推动了积极心理学的发展。他获得了相当大的成功，以至于现在有了专门致力于这一课题的研究项目、科研中心和科学期刊。传统的心理学极少有概念能如此迅速地捕获普通大众的想象力。值得深思的是，作为优化生活和各方面发展的一个工具，积极心理学竟能如此轻而易举地融入加速文化。

当然，对提升幸福感、提供最佳体验和提高绩效水平的因素进行研究是合情合理的。然而，在咨询师和培训师

（或那些参加过积极领导短期课程的狂热经理人）的手中，积极心理学沦为扼杀批评意见的一项生硬的工具。有些社会学家在分析积极思考和肯定式探询的时候，甚至用上了"法西斯式积极主义"[5]这类表述。这一概念刻画了由只关注生活美好的一面而导致的那一类心灵控制。

更为传奇的是（不妨在这里加点儿料），我在学术界最负面的经历绝对与积极心理学家有关。几年前，我分别在一本女性杂志和一份报纸上对积极心理学表达了不满。后果是相当戏剧性的。[6]三位积极心理学家（我在这里就不点名了）指控我"学术不端"，并向我所在大学的高层投诉。从学术的角度来看，投诉的内容并不很严肃，主要是说我把积极心理学明确地表述为消极的，并且处心积虑地将积极心理学的研究与其实际应用混为一谈。所幸，我的大学直接拒绝了这个投诉，但这些心理学家此次的反应确实让人感到非常不安。他们没有直接写信给编辑并公开讨论，反而选择向我所在大学的管理层诋毁我的学术诚信。之所以提起这个事件，是因为，讽刺的是，这些积极心理学家竟然这么不愿意参与公开的学术讨论。显然，公开和互相欣赏也是有限度的（幸亏并不是积极心理学的所有代表人物都是这样）。这个事件也证实了我对"积极的暴政"的批判——它必定会无所不用其极地消灭消极的观点和反对意见（尤其是对积极心理学本身的批评）。

积极的、感激的、会欣赏的领导者

如果你对积极心理学有所了解,那么有可能体会过某种难以用语言形容的不适感,比如在受教育的过程中或在工作中,我们也许会被要求在绩效和发展评估中定义什么是成功,但我们其实宁愿去解决一个更令人困扰的实际难题。然而,谁不想被别人欣赏,被别人视为一个足智多谋、随机应变,而且还想着不断进步的人呢?现代的管理者很乐于承认和欣赏他们的员工。下面的例子展示了管理者在邀请员工参与绩效和发展评估时用来形容优秀行为的那些表述。我这样做的目的是让员工理解这类评估背后体现的原则。

> 绩效与发展评估是我们探讨机遇的一个途径。通过反思我们所做的事情、更好的行动时机、让工作中的协作尽可能顺利运行的因素以及让工作满意度最大化的因素等问题，我们获知了推动发展的要素，以及实现目标所需付出的代价。
>
> 我希望，绩效和发展评估能够分析出怎样做才能让事情进展顺利。我真诚地希望你们在职业生涯中获得成功。[7]

现代的管理者不想被视为死板的权威人物，一味地发号施令、独断专行，而是想展现出一种完全不同的软实力，通过"邀请"员工加入关于"成功"的对话，从而"最大限度地提升他们对工作的满意度"。但有一个事实往往会被忽视，即管理层和员工之间仍然存在巨大的权力不对等，所以其实有的目标显然比其他目标更加合理。例如，我的工作单位很好，但最近我们被要求规划愿景，以提高学校排名。我提出的努力建设成为一家中等水平学院的建议反响平平。我觉得对于一所小型学府来说，我的建议应是一个值得追求的现实目标。但如今，一切都必须成为"世界级的"或排名前五。这种成功之路必然满布荆棘。我称之为"强迫性积极主义"。只有最好才算够格？光靠志存高远和想法积极就一定能取得成就吗？

归罪于受害者

根据包括芭芭拉·赫尔德在内的所有对强迫性积极主义的批评，无法回避积极主义的焦点在于，可能出现的一个后果就是"归罪于受害者"，也就是说，将不同形式的人类痛苦或不足归罪于所谓的个人对生活缺乏足够乐观和积极的态度，或者积极心理学家们（包括塞利格曼）笃定的积极幻想的匮乏。在积极幻想中，有一个想象中的自我，它要比现实中真实的自己更为优秀。我们会认为自己比现实中更聪明、更有能力，或更高效。有研究表明（尽管结论并非绝对清晰），患有抑郁症的人实际上比没有患抑郁症的人能更现实客观地看待自己。然而，人们的一个担忧是，这类积极的方式助长了对乐观文化和幸福文化的要求。在加速文化中，这种要求反而会滋生痛苦，因为人们会对没能获得持续的快乐和成功心怀愧疚（参见前面讨论过的悖论机）。

另一项与此相关的批评则淡化了积极方法中某些部分特有语境的重要性。假定个人的幸福主要取决于内在而非外在因素（比如与社会经济地位相关的各种社会因素），那么一个人无法感到幸福就只能归咎于其自身。塞利格曼在他的畅销书《真实的幸福》（*Authentic Happiness*）中总结道：幸福中只有8%到15%的差异是由外在因素造成的，比如生活在民主国家还是独裁国家，富有还是贫穷，健康还是不健康，能力出众还是一无所长。根据塞利格曼的说法，到现在为止，幸福的最重要来源是内在环境（比如，自身产生积极情感的能力、感恩的心、宽容和乐观，尤其依赖于能代表个人的特有优势），这是能够自我控制的。幸福有赖于在现实中发挥我们的内在力量，并培养出积极的情感。在我们意志力的控制之下，这种对内在重要性的强调促成了一种扭曲的意识形态——这种意识形态要求个人在任何时候都要不断地进步，其中也包括培养积极思考的能力，以便在加速文化中生存下来。

吹毛求疵

芭芭拉·赫尔德提出了一种取代强迫性积极主义的方法：抱怨。她甚至写了一本关于如何发牢骚和抱怨的畅销书。这是一本写给脾气暴躁之人的励志书《想抱怨就抱怨，不要强颜欢笑》(*Stop Smiling, Start Kvetching*)。[8] "Kvetching"在意第绪语里是"抱怨"的意思。我不是犹太文化方面的专家（我的相关知识主要来自伍迪·艾伦的电影），但在我的印象里，对事无大小皆可抱怨的普遍接受实际上形成了一种文化上的共鸣，可以培养群体性的幸福感和满足感。公开的、善意的老式抱怨是良性的，它为人们提供了谈资，并培养了某种特定的社区集体意识。

赫尔德对牢骚满腹者的纵容出于一项基本假定，即生活不可能永远一切安好，不尽如人意的事情常常会发生。这就意味着我们总会有一些事情要抱怨。当房价下跌时，我们会抱怨身家贬值。当房价上涨时，我们又会抱怨总有人喋喋不休地念叨着自己家房产的价值。生活不易！但赫尔德指出，这并不是真正的问题。真正的问题在于我们被迫假装活得很好。有人问我们日子过得如何，他们预期的答案就是"很好"，哪怕被询问一方的另一半刚刚出轨了。提高我们关注并抱怨消极方面的能力，会让我们获得一项应变技能，让自己的生活变得更容易管理。但是抱怨和不满并不是为了屈服于形势。发牢骚的自由源自直面生活和接受现实的能力，它给予我们作为人的一种尊严，这与极端积极的人形成了鲜明对比，后者甚至会狂乱地坚持认为不存在真正的坏天气，只是自己穿得不对罢了。事实上，坏天气是真实存在的。在天气不好的时候，坐在温暖的酒吧里抱怨也是件不错的事情。

我们需要保留抱怨的权利,即便这不会带来积极的变化。如果它能带来积极的变化,那当然就更重要了。一般来说,抱怨是直接对外的。我们会抱怨天气,抱怨政客,抱怨喜欢的足球队。抱怨的对象总是其他的人或事物,反正不是我们自己!相比之下,积极的态度是直接对内的。如果出了什么差错,我们需要检讨自己,并寻找可以激励自己的事情。总之,一切都是自己的错。失业的人没有资格抱怨福利体系。他们该做的只有让自己振作起来,乐观地思考,然后去找一份工作。无论什么事情都要相信自己,这是彻头彻尾的偷换概念,这么做就是把重大的社会、政治和经济难题简单地归因于自身的动机和积极性。

接受生活给予的

我的老祖母总喜欢跟人讲要"接受生活给予的"。若是遭遇难题,她认为不应该自己尝试去解决它,因为这要求太高了。解决一件事情,自然意味着能够完全掌控它,或者彻底地消除问题。但世上的很多事情根本没有办法这样简简单单地完成。人类是脆弱的、敏感的,我们会生病,最终也会死亡。我们根本就不能按照"解决"这个词的字面意思来应对死亡的问题。但是,我们可以坦然接受生活给予的一切,无论好坏。换句话说,就是要接受问题,要学会与之共存。这也提供了一个坚守本心的机会。如果有些事情无法改变，我们不妨试着去接受它们。像我祖母讲的那样，与其活在黄粱美梦之中，还不如面对现实。19世纪，英国功利主义者约翰·穆勒说过："最好做不满足的苏格拉底，而不是满足的傻瓜。"并不是一切皆有可能，也不是每件事都能转化成积极的幸福。生活中还有其他事情值得去奋斗，比如尊严和真实感。关键在于我们必须敢于面对消极的一面。我们也许能做出一些积极的改变，但更常见的是，生活中消极的方面会一直存在。先接受它！但是，必须给我们抱怨和责备的自由。如果我们始终都在盲目地保持积极和乐观，那么将会面临这样的风险，即当事情真的不顺的时候，我们遭到的打击更为严重。所以，重视消极的方面可以让我们为未来可能的逆境做好准备。而且，抱怨还能提升我们对生活中美好事物的敏感程度。"我的脚指头很痛，但谢天谢地，腿还是好的！"

我们该怎么做？

这引出了斯多葛主义中最重要的一个观点。为了我们能更为平和地接受生活中消极的方面，我推崇一种被称为消极观想的斯多葛主义实践方法。据我所知，与之相对的积极观想总是建议人们往积极的方向去思考。人们通过想象好事情，帮助自己好梦成真。比如运动员就会在训练中使用这项技巧，他们的教练会帮助他们具象化自己的目标，以便能最终达到。一本提升自信的书籍会鼓励读者沉浸在积极向上的白日梦之中。例如，"想象自己正在使用一种绝佳的、极为有益的方法来应对问题，自信心就能有所增强"。[9] 为了抵抗这些乐观的幻想,我们开始不断地抱怨,但这很快就会激起周围人的不满,特别是我们在抱怨的时候,还表现得眉飞色舞。斯多葛主义的消极观想提供了一种更适于践行消极的方法。

斯多葛学派的许多不同学者都研究过消极观想。塞涅卡有一封写给马西娅的著名书信,那时的马西娅仍沉浸在三年前儿子过世的悲痛之中。塞涅卡在信里让她必须要想通,生活中的一切都是"借来的"。命运可以毫无征兆地带走她想要的一切。这种认知为我们提供了愈加充分的理由,去爱我们短暂拥有的一切。[10] 在另外一封信中,塞涅卡警告说,我们不应把死亡看作在遥远的未来才会发生的事情。死亡随时都可能降临:

> 我们都要牢记,我们和所有我们关心的人都是凡人……若我不这样考虑,只要命运突然打击我,我就毫无防备。如今我深知万物皆会消亡,而且并不遵循任何特别的规律。任何可能在未来某个时刻发生的事情,都可能发生在当下。[11]

爱比克泰德的说法更直接，且相当具体——每次睡前亲吻孩子们的时候，我们都想到他们会死去。这么想似乎有些过分了，但这能让我们意识到孩子在第二天早上不会醒来的可能性。[12] 这提醒我们人是会死的，也可以促进我们的家庭关系，让我们更容易接受自己孩子犯的错误。大多数父母都体会过夜间婴儿哭闹带来的绝望。但如果我们能告诫自己孩子的生命是脆弱的，那么这种绝望很快就会转变为有孩子陪伴在身旁的喜悦。爱比克泰德也许会说，怀里抱着一个哭哭啼啼的婴儿，总好过膝下无人承欢。因此，消极观想有助于我们忍受婴儿的哭闹。

最终，我们还需要想到自己的死亡。我们每天都要想一想，人终有一死。这不是为了麻醉自己或让自己心生绝望，而是帮助自己逐渐适应这个想法，进而对生活更加感恩。苏格拉底将哲学定义为学习安然逝去的艺术。如前所述，当代文化鼓励我们关注积极的方面。所有人都在谈论美好的生活，却尽量回避学会如何安然地死去。也许这才是我们应该谈论的。哲学家蒙田写道："谁学会了死亡，谁就学会了不做奴隶。"[13] 思考死亡的目的不是被死亡本身所纠缠，相反，习惯了终极的消极想法能让我们免于被死亡的恐惧所折磨，因而能够生活得更好。

消极观想有两个方面，下列两种练习方式都可以尝试：

- 想象失去了自己珍视的某样东西（或某些人），并体会这样做如何能提升自己现在从它（或他们）身上获得的快乐。心理学家提出了"享乐适应"的概念，即我们会很快适应幸福的生活。消极观想可以减轻享乐适应的效果，让我们更加感恩。顺便提一句，享乐适应也被积极心理学家们研究过。
- 牢记这样一个事实：早晚有一天我们会离开尘世，因为所有人都会变老、生病，最终都会死去。如果每天都能花一点点时间思考这个事情，我们就会更加感恩生活，感恩陷入危机的时刻。死亡并不是我们可以简简单单"解决"的事情，但通过一点点的练习，我们也许能够"接受生活给予的"。

当我们已经学会关注生活中消极的方面时,就可以进入下一步了,讲的全是关于该如何拒绝的内容。是时候让自己学会说"不"了!

第三章

学会说"不"

能直白地讲出"我不想做",展示出的是勇气和坦诚。只有机器人才总说"是"。举例来说,如果我们参与绩效和发展的评估,而顶头上司想让我们再参加一门有关"个人发展"的课程,也许我们可以礼貌地拒绝他,并告诉他,我们更希望在工作中设定一个"庆祝日"。让我们练习每天至少对五件事情说"不"!

能完成本书前面提到的两个步骤,那么到现在,你已经学到了应该少花时间自我反省,并且应该懂得关注生活中消极一面的意义。但这并不是说我们绝不要关注积极的方面,或不能进行内心的反省。其中的关键区别在于,我们应该摒弃当前盛行的所谓"答案就在你心中"的错误观念。我们是无法通过审视内心来获取答案的。我们有更充分的理由坚守本心，抵制充斥于现代社会并妄图让人们相信消极不可行且有害的强迫性积极主义。

本书的第三步是关于如何能更好地说出"不"这个字。在过去的十年里，我们的头上一直顶着"是"的帽子，因为这样做意味着赞赏、珍视和积极。好吧，现在是时候把落满灰尘的"不"的帽子重新戴到自己头上了。能够说"不"意味着我们是多少带着点真诚的成年人。学会说"不"在任何一个孩子的成长过程中都是非常重要的一步。虽然大多数父母（包括我自己）都希望自己的孩子能在一定程度上做到听话，但说"不"是儿童走向成熟和独立的关键一步。正如一位儿童心理学家所说："孩子在这时有意识地具备了独立个体的品格，并且能够使用语言来疏离父母。这种反抗的行为是走向自主的第一步。"[1]

具备品格的理念很重要。不同于个性和能力（可以"利用"和"塑造"等心理学中流行的概念，品格指的是共有的道德价值观。要是一个人能够坚守本心，支持某些基于其固有价值的观念（当这些价值观受到威胁时，他能够说"不"），我们就可以说，他是具备品格的。在本书中，我把"节操"当作"品格"的同义词来用。有"节操"意味着我们不会单纯地随波逐流。我们会遵循某些对自己来说比其他任何事情都重要的特定理念去生活。要想有"节操"，意味着首先要树立能跨越时代和环境的、具有一致性的自我认同理念，然后坚守它。与有节操相反的行为是，对一切都说"是"，永远不会对说"是"产生一丝怀疑，盲目地认为尝试新事物一定是个好主意。这种人在过去被称为"墙头草"。如果说"不"对独立性的养成至关重要，那么永远说"是"的人，就是世上最仰人鼻息的一类生物。如果我们只会说"是"，那就有可能成为突然冒出的"奇思妙想"的受害者，无论这个想法来自自身还是别人。如果一个人在生活上对于别人的任何建议都说"是"，那么用社会心理学术语来说，他就是被"外部控制"了。为了解决这一问题，我们需要加强对内部的控制。我并不是在提倡"相信直觉"的哲学。人的直觉也同样可能被外部操控，因为在一个重视沟通的网络化社会之中，人的直觉会受到各种因素的影响（比如广告）。真正意义上的内部控制（在这本书中被称为节操）包括坚守道德观和价值观，懂得义务和责任的重要性，并能够用理性来判断在给定的情况下什么是好的和正确的。如果我们有节操，我们将不得不经常说"不"，因为在加速文化之中，实在是有太多的东西应该被摒弃。

何为"是"的帽子？人们为什么需要它？

我们通常觉得别人应该戴上"是"的帽子，但他们做到这一点并不容易。在工作场合中，如果一个人被认为不够积极、不够以发展为导向，那么他就可能会被鼓励戴上"是"的帽子。言下之意，说"是"是好事，说"不"是坏事。当然，这极为荒谬。每一天我们都面临着各式各样的诱惑和试探，我们应该全部拒绝，幸运的是，我们通常都能做到。那为什么还要戴上"是"的帽子呢？其中的合理性又在哪儿呢？也许我们可以通过更深入地剖析积极主义的"是"的文化来找寻答案。如今，成群的励志演说家声嘶力竭地疾呼,要通过说"是"来帮助个人和公司的发展。托德·亨利就是其中之一,他在自己名为"学着说是"(Learning To Say Yes)的网站上写道:

> 不幸的是,"不"不仅是一个字,它可以是一种生活方式。如果我们应对未知事物的默认做法是犹豫退缩、徘徊不前,或者一概逃避,我们就是在排斥生活给予我们的最好事物……创造力总是始于一个"是"字。要创造,就要先说"是",然后一步步把事情搞清楚。(我们)首先要对风险说"是",然后拥抱它,最后克服它。并不是所有创造都能成功,但每一个创造行为的起点都是勇敢地说"是"。我已经把说"是"视为一种成功的结果。只要连续这样做足够多的次数,我相信自己最终会成就一番有价值的事业。
> 你们也正在用"是"的态度生活吗?[2]

这段摘录中充斥着创造力和勇敢等具有积极意味的词语,作者将它们与说"是"直接联系到一起。号召人们利用这类工具暗含的意义通常是，我们应该追寻激励和动机，坦诚地对待自己。换句话说，我们应该专注于内心，借助内在的力量，在托德的语境里，主要指通过勇于说"是"。我们要通过设定目标、发挥创造力和勇于挑战来做到这一点。我们不必遵照他人的期待去做事，而该做自己想做的事。这里面的矛盾之处在于，近年来我们每一个人都被要求去设定目标，为成功奋斗，"随心所欲"地生活——始终戴着"是"的帽子。不想成为各种需求交织的网络中的一分子，这种想法是错误的。我们可能过于频繁地说"不"，这被认为是错误的行为（即使我们想说"不"）。

我的本意并不是断言托德·亨利这种总是戴着"是"的帽子的人是错的，他们的观点确实有可取之处。但如果把戴上"是"的帽子当作唯一可行的做法，那就有问题了。我们并不是非要扔掉"是"的帽子，而是不该只有这一顶帽子。我们还应该有"不"的帽子、"也许"的帽子、"怀疑"的帽子和"犹豫"的帽子。首先，正如我们在第二步中学到的那样，完全禁止消极和批评是违背人性的。没人能做到，甚至都不应该做到。贸然尝试很可能导致紧张和抑郁。我们都知道，世上的每个人都不一样——有人乐观，有人忧郁。忧郁的人可能跟不上社会对积极性的要求，也无法满足对行动力的普遍苛求，但稍微有一点忧郁并不是什么错（甚至可能是有益的，因为一点点的忧郁能让人更乐于坚守本心）。其次，总是不得不说"是"会折射出人相当奴性的一面。强行要求人们说"是"是有辱其人格的，这种做法将说"是"变为一项教条，把人贬低为奴仆，可以随时随地命令他们做任何事，他们自己无法安定下来。

但为什么说"是"比说"不"受欢迎呢？我认为有两个主要的原因。其一，加速文化的快节奏以及加速文化给我们带来的无常性。当周围的一切看上去都是流动的和变化的（不管事实是否真的如此），说"是"能让别人认为我们"足够好"。它会散布这样的信息：我们有足够的进取心，能够跟上变化的步伐。哲学家安诺斯·福格·延森将我们这个时代描述为"项目社会"。在这个社会中，各种各样的活动和实践都被认为是一个个的项目，它们通常是快节奏的、短期的，可以反复利用。[3]他还描述了这个项目社会中的我们为了让自己竭尽所能，像航空公司"超卖"一般"超订"自己的日程安排。既然我们的生活责任变成了一个个项目，那么这些责任当然也就是临时性的了，所以一旦有更为有趣的事物进入视野，我们自然就会舍弃之前的项目。尽管如此，主流的观点依旧是我们应该对所有的项目说"是"。勉强挤出充满热情的一声"是"，在这个加速文化中算是一项核心竞争力，更是求职时被加倍看重的能力。面对新的挑战说"是"被认为绝对是一个优点，而礼貌地说"不"则被认为缺乏勇气和不愿意改变现状。

说"是"比说"不"更受欢迎，第一个原因，是人们因害怕自己被认为上进心不足或不够"精明干练"而形成的社交恐惧。第二个原因更关乎存在，源自错失恐惧。我们戴着"是"的帽子，不仅是为了让别人觉得我们有吸引力和"值得被雇用"，也因为生命是有限的，我们应当"充分利用生命"。我们需要在尽可能短的时间内，看到和做出尽可能多的事情，就像本书前言中引用的那则洲际酒店的广告语："你不可能有最喜欢的地方，除非所有地方你全都见识过了。"若不是我们戴着"是"的帽子，并尝试生活中一切让人着迷的机遇，我们就会与刺激、冒险和最大限度地体验生活无缘。难道不是这样吗？有人可能已经猜到，这套说辞与本书宣扬的斯多葛主义理念截然相反。斯多葛主义认为积极的体验本身并没有错，但不能将追求尽可能多的体验视为最终目的。事实上，这样的追求（隐藏在"是"的帽子和其他花里胡哨的最新概念之下）可能有碍于我们获得斯多葛主义者最珍视的一种美德——心态平和。一个从不说"不"的人（比如因为害怕错过机会）会让自己偏离方向，退一步思考并接受自己的现状也会变得很困难。在加速文化中，心态平和不再被认为是一种令人向往的状态，而是如一块烫手的山芋。心态平和的人站稳脚跟，驳回各种（不合理的）要求和需求，但身处将流动、灵活和多变的个人视为典范的时代，这不再是一项优点。

在风险社会中怀疑的正义性

"是"先生经常指责"不"先生缺乏勇气、不知变通及谨小慎微。我们同样可以判定,凡事说"是"的人生哲学才依赖于确定性。我早已指出,"是"的帽子之所以大行其道,是因为我们受到了恐惧的驱使,害怕跟不上潮流,害怕错失。为了消除这种恐惧(当然不可能做到),我们必须说"是"。一般来说,总是说"是"的人确信自己知道什么是正确的。说"是"是有益的、必要的和正确的,因为这样做会导向积极、发展等,仿佛人们知道,说"是"就是正途。斯多葛主义则主张:我们无法确定说"是"就一定正确,这让怀疑成为更可取的选择;而如果不能肯定,那我们就应该把"不"的帽子放在手边。换句话说,还没有证伪的东西就无法认定是错的。现在我们只知道手边有些什么,但还猜不出我们将来会拥有什么。

从某种意义上说,当今世界对确定性的赞美是空前的。确定是好的,怀疑是不好的。其中的矛盾之处在于,一方面崇拜确定性,另一方面宣称一切都需要不断发展和变化。也许我们崇拜确定性,正是因为在这个不停变化的现代世界中缺乏确定性?我们想出了各种各样的方法来消除自己的怀疑,并希望在各种情境下都获得确定性。大到政治决策(决策越来越多地从经济核算角度出发,而不是政治理念),小至日常生活(人们确保自己规避越来越多的灾祸和骗局)和职业生涯(必须是基于证据的结论,比如我们想确定一位老师的实践是否能产生预期的学习成果)等一切事物。与此同时,各种伦理准则被制定出来,用于消减怀疑,并确保我们的行为正确。怀疑被认为是犹豫、软弱或无知的表现。怀疑者已经没办法进步了，他们只需要说"是"。

怀疑和不确定早就被人抛弃了，这很可能是因为我们生活在一个被社会学家称为"风险社会"的世界中。在这个社会中，不断产生的新风险是发展的副产品，特别是技术上的发展，环境危机、气候危机和金融危机全都是发展的副产品。这导致的后果就是，"确定性的正义"备受赞扬，因为拥有确定的信息是重要的。无论问题是什么（经济、健康、教育、心理等领域），科学都被用来确立这种确定性。在风险社会中，我们必须有绝对的把握才能被重视。例如，我们发表声明时应该非常明确："研究表明，大脑中缺乏血清素是导致抑郁的原因""我们清楚孩子们有四种不同的学习方式""我们现在终于有了一个处理精神疾病的诊断系统"。

怀疑是解决问题的一剂良药，我们需要怀疑。从本质上讲，确定性是教条的，而怀疑则具有重要的正义性。我是怎么弄明白这一点的呢？具有确定性意味的"我知道……"很容易导致盲目，尤其是当我们知道最好说

"是"的时候。怀疑会带来开放，会带来其他的行动方式和对世界的新认识。如果对某事早有判断，我们就不会继续聆听。但如果我们心存疑问，就会对其他人的观点给予更多重视。心存疑问的问题在于，在加速文化中，它显得有点儿迟钝，甚至有时会回到起点，无法让我们单凭直觉和积极性就快速地做出决定。

从小学到大学，我们不断学习去"知道"，但我们也需要学会怀疑，学会犹豫，学会再三考虑。《如何放下生活，开始烦恼》（*How to Stop Living and Start Worrying*）一书中对哲学家西蒙·克里奇利的采访彻底颠覆了励志哲学。通常我们会被教导"放下担心，开始生活吧，对问题说'是'！"但对克里奇利来说，怀疑、担心和犹豫都是美德。如果我们所能做的只是说"是"，就忽视了"是"的哲学（只管去做！）会引发的危机，即生活和社会无休止地加速。克里奇利说，如果我们无法识别这些危机，"人类就会堕落到快乐奶牛的水平，这是一种牛科动物的满足感，系统性地与幸福相混淆（这么说对牛有点刻薄）"。[4] 克里奇利尖锐地指出，躲在"是"的帽子里的正是一头"快乐奶牛"。

怀疑的正义性,就是我们应该更多地去怀疑,更乐于频繁地戴上"不"的帽子,也包括执着地反复质疑:"我还是不是自己?"心理学家、治疗师、培训师和占星师们争相向我们提供关于"我们到底是谁"的明确答案。但在各个领域中,我们也许能从多一分的怀疑中获益。睿智的挪威犯罪学家和社会学家、年迈的尼尔斯·克里斯蒂对此这样解释:

> 也许我们应该力争建成一个对我们和其他人是谁抱有最大限度怀疑的社会体系。将我们自己和他人重塑为谜一样的人物。心理医生要扮演与病人沟通的桥梁这一角色。他们应该写一些关于他们所遇之人的小故事。这样的话,也许律师和其他人就能更好地理解人和他们的行为。[5]

等到本书的第六步,我们再去论述文学扮演的角色,也就是小故事和短篇小说如何用一种与励志书和传记截然不同的方式，帮助揭示存在的复杂性。

到目前为止，我们已经懂得了以下这些事情：如果有怀疑，通常要回答"不"；如果不怀疑，试着反思我们是否应该去怀疑。如前所述，关键不是我们总应该说"不"，或者一直心怀疑虑，而是我们保有怀疑态度是完全合理合法的。更重要的是，频繁地戴上"不"的帽子将有利于我们实现独立自主，真诚地对待生活中最重要的事情。如果我们总说"是"，那我们手头的事情就总会被耽误。

讲到这里，有人可能会疑惑，想要取代加速文化对不安分子的这种推崇，是否反而会让自己陷入自相矛盾？如果我们该抱有怀疑态度，怎样做才能同时坚守本心呢？当怀疑上升为一种美德，我们坚守的本心又是什么样的呢？当然，简单的答案就是，应该坚持的是怀疑这个行为本身，也就是要保证犹豫的权利、再三考虑的权利。这个答案听起来可能有点老调重弹，但在我看来，它实际上是相当深刻的，有着巨大的伦理价值。事实上，几乎所有政治恶行都是由位高权重的男性犯下的,他们总是自认为可以洞察一切,"我们知道那里有大规模杀伤性武器!""我们知道犹太人是低等的!"每当涉及政治、伦理和生活艺术等重要问题,人本能的反应就是犹豫和怀疑。在所有答案——甚至有时是一些问题——都未知的风险社会之中,坚守本心实际是值得的。另外一种答案是,对自己抱有怀疑的事情同样坚守本心,可能也是可行的。哲学家理查德·罗蒂提议将这样的生活当作一种存在主义的理想典范。[6] 他把这种生活描述为一种关于存在主义的反讽:一个人认识到自己的世界观只是众多世界观中的一种,并且在某个时点,自己相信这个世界观的理由也不再充分。但这并不意味着我们现在就要去寻找不同的世界观。理想状态是对自己现在拥有的坚守本心,并接受其他人可能不同的世界观。这就是所谓的宽容。

德国哲学家汉娜·阿伦特在她关于人类境况的著作中解释了怀疑的正义性:"即使并不存在真理,人也可以是真诚的;即使没有可信的确定性,人也可以是可信的。"[7]

阿伦特本人并不是斯多葛派学者，但在这里她用最美丽的方式展现出了斯多葛主义哲学的一个原则，也是在21世纪加速文化中特别有意义的一个原则：或许并不存在什么绝对的真理，但正因如此，才需要靠我们自己在生活中创造一个真理。在一个快速改变的世界中并没有所谓的确定性，这正是我们自己必须做到可靠的原因，我们需要在一个蒙眼狂奔的世界中创造出一个个有秩序的岛屿。创造这样的岛屿就需要我们有能力说"不"。这样说来，能够说"不"正是坚守本心的前提。

我们该怎么做？

理想情况下，在工作场所中我们应该准备一座帽架，上面挂上相同数量的"不"和"是"的帽子。我想表达的是，指出有些事情行不通的原因与默默地逆来顺受，本该同样合理。很多设想经常顶着发展的名头在推进，但结果常常是一地鸡毛，并造成了相当程度的时间和精力的浪费。经常是我们经过努力，最终掌握了能满足新系统和新程序的技能，结果却是随之而来的架构重整。为了让每次的变革有足够的时间显现出效果，每个月驳回相当数量的设想应该被设定为标准的组织惯例。经理们不应只是激动地向员工展示新愿景,并获取他们的认可。他们还应该提出这样一个问题:可以剔除哪些不必要的东西?这样做的目的并不是打着"提升效率"的神圣旗号实行精益管理,而是将精力集中到人们正在做的事情的本质上。只有这样,研究人员才有时间开展研究,外科医生才能去做手术,教师才能专心教学,社会工作者和医疗专业人士才能够帮助他人(而不是把时间消磨在数据的输入和评估上)。

即使有些人所在的工作场所并没有引入说"不"的文化(或者他们现在还没有工作),还是该着手自行练习说"不"这门困难的艺术。开始时,我们可能会放飞自我,对任何请求都随口说"不"。这不是我们想要的,因为只有在理由充分的情况下才可以说"不"。也许我的这个建议是无礼的、羞辱性的或贬低性的,也许我们才意识到必须停止让自己的生活被各类"项目"填满。我们甚至可能刚刚明白其他人(子女、朋友、同事)并不是一个个项目,而是一个个担负责任的大活人。正如前面提到的,直觉并不能决定我们应该对什么说"不"。那么我们应该依据什么来做判断呢?

斯多葛主义哲学建议将这个问题诉诸我们的理性。对有些事情说"不"是合理的。在没履行完以前许下的所有承诺前,对其他项目说"不"就是合理的,无论新项目看起来多么令人激动。这么做可能很不容易,因为我们总惦念着不能错失机会。在这一章的开头,我建议大家每天至少拒绝五件事情。这个转变可能让人有些措手不及,特别是对那些已经戴着"是"的帽子很长时间的人。试着拒绝一些我们早就想吐槽,或者觉得没有必要但还一直在做的事情。举例来说,许多单位总是开一些没完没了的会议,我们有充分的理由对此心怀畏惧。先试着对这些会议说"不",并善意地解释原因,如我们不想中断自己正在推进的工作。说的时候要面带微笑。斯多葛主义的目标并不是要造就一些无事生非的捣乱分子(捣乱最多只是达成目的的一种手段),而是想让人们在加速文化中获得更平和的心态。如果经常说"不"被证明太过分了，那就试着用怀疑和犹豫来确保将反思和再三考虑融入日常实践。不再立即说"是"，而试着说"我得再考虑一下"。

第四章

抑制自己的情感

如果有一个人整天都元气满满，总是表现得积极乐观，其他人可能会怀疑他那持久激情的真实度。但如果一个人无法控制自己的情绪，其他人又会把他当成长不大的熊孩子。相比表露真实的自我，成年人更应该在意处事得体，所以我们要练习控制自己的情绪。比如，可以试着每天回想曾经侮辱或冒犯过自己的人，并不忘给他送上一个灿烂的微笑。

本书前三章教给我们减少探索自己内心的时间，更多地关注生活中消极的方面，学会说"不"。如果仅仅止步于此的话，我们可能会被当成脾气古怪、性格暴躁的讨厌鬼，甚至可能被当成那种有攻击性，不时暴发路怒症，或者总说同事坏话的人。把本书继续读下去很重要，因为接下来我们必须学会控制自己的情绪，尤其是负面情绪，甚至在有些时候我们不得不彻底压制住它们。

我想解释一下这里所说的负面情绪是什么意思。在现实中，内疚、羞耻和愤怒等都被当作负面的情绪，但"负面"并不表示它们一定是不好的，或者应该被彻底消除。毕竟，这些情绪都非常符合人性的特质。简单来说，负面情绪是我们对生活中负面事件的反应。当负面事件发生时，我们的情绪能够提醒自己，这个反应是正常的、合适的。与我们经常听到的相反，人类能感觉到内疚和羞耻是非常重要的。如果我们没有内疚感，就无法理解为什么自己该是对自身行为（尤其是自身恶行）负责的道德主体。内疚感会提醒我们所做的事情是错的。尽管这种情感是负面的，但它依然是我们完整的生活中不可或缺的组成部分。羞耻感也是如此。如果我们没有羞耻感，就无法感知周围的世界对我们言行的看法。羞耻感就是一个信号，它意味着一个人的行为方式被社会认为是不可接受的。我们甚至可能会说，如果一个人体会不到羞耻，他很难成为一个成熟的、有思想的人，具备在前一章中提到的品格和节操。依照发展心理学的观点，同样的论断在《创世记》中也有所表述。亚当和夏娃本来毫无羞耻感。但在吃了树上的果子之后，他们通晓了善恶，并开始为自己不着寸缕而羞愧。上帝给了他们衣服，然后让他们离开天堂。人性与道德是密不可分的，而道德是羞耻感带来的。如果这个故事反映出了一个心理学上的所谓真理，那就是人之所以为人，完全是因为有能力感到羞耻。因为有羞耻感，我们才能感受到别人眼中的自己，并评估真实的自己。没有羞耻感，我们就无法成为能主观为自己考虑的人类。换句话说，没有羞耻感，我们就没有为自己打算的能力，这才是让生活充满理性的前提。[1]

父母总想确保子女远离会产生内疚感和羞耻感的行为，这是令人担忧的一件事，因为负面情绪很重要。内疚感和羞耻感可以引导孩子进入道德的世界，而且只有在这个世界中，他才有希望一点一点地成长为能够负得起责任的利益相关者。在我小的时候，人们常常会对自己的孩子说这样的话："你该为你自己感到羞耻！"同样的表述现如今已经很少听到了，也许这是一种遗憾。我们需要承认负面情绪的重要性。当然，像快乐、自豪和感激这样的正面情绪也同样重要。但我们必须小心，不要把一切都寄托在情绪之上，就像现在某些地方的潮流。所谓的未来主义者会谈论"情绪社会"，而心理学家则盛赞"情商"。有一种观念广为流传，那就是为了显示自己的真诚（许多人认为这就是完美的），一个人若是产生任何情绪，都必须表露出来，无论这些情绪是正面的还是负面的。如果他很开心，那就来一段歌舞吧；如果他生气了，也千万不要闷在心里，因为那样做是不真实的。本书的第四章就是要教我们明白这种对真实情绪的崇拜存在问题的一面，以及如何通过抑制自己的情绪来对抗它。这其中的代价也许是牺牲掉了真实，但无论怎样我们都有充分的理由质疑这个说法。一个理性的成年人本来就应该努力获得相当的尊重，应当有能力控制自己的情绪，而非不顾一切地去展现自己的真实。

情绪文化

加速文化也是一种情绪文化。前面提过的社会学家齐格蒙特·鲍曼曾用"流动的现代性"这个概念来表征我们所处的时代,他还描绘了从一种以禁止为根基的文化到另一种以命令为根基的文化演变的过程。[2]这个过程包括与情绪和道德两个方面有关的观念转变。在一个以禁止为根基的文化中,道德包含一系列决定了人们不能做什么或不能想什么的规范。比如弗洛伊德的精神分析理论就是对以禁止为根基的文化的清晰映射:社会要求人们压制被视为禁忌的情绪,比如性冲动,并依照既定的规范来洁净它们。如果有人做不到这一点，就会发展为神经症，这是对过剩的冲动和情绪的一种精神病理反应。然而，如今神经症已不再是精神病理学的主要难题。神经症的概念甚至都没能进入最新的诊断体系之中。粗略地讲，只有在需要人扎根、需要人稳定、需要人适应的社会中，神经症才会成为困扰人的问题。如果一个人没能达成这些目标，神经症就会像是一种处于潜伏期的疾病，随时有可能发作。但在后来，流动性取代了稳定性，道德不再以禁止为根基（你们不能……），而变为以命令为根基（你们必须……）。情绪在过去是被压抑的，但现如今是可以表达出来的。

加速文化并不介意人们情绪化、有上进心和贪心等事实。问题不再是情绪的过度，而是情绪的匮乏。我曾经听一位性治疗师说，过去去她诊所的人常谈论的是性欲过于旺盛，但现在更可能是性欲匮乏。如今的问题不出在那些（过度）灵活的人身上，而出在那些（过度）稳定的人身上——后者缺乏足够的积极性、驱动力和渴望，来跟上社会中无处不在的对灵活性、适应性及自我提升的需求。在心理障碍的分类中，表征为缺乏激情和情感空虚的患者不再被归为神经症，而是抑郁症。现在，问题不再出自情绪和冲动，即不是因为想要的太多。相反，定义什么是"太多"的标准也发生了变化，而且在一个将提升和改变盛赞为至高无上的美德的社会中，这种变化还会持续。在加速文化中，并不存在欲求无度这种说法。相反，赢家总是那些想要更多的人。现在描述这个问题的一种方式可能是将其称为活力问题——我得到的永远都不够！我没有足够的积极性、驱动力和激情！让我们想想激情这个词到底已经渗入了多少领域。例如，一位典型的生活导师会询问客户，生活是否有足够的激情。通过解读生活导师的话语，我们能对当前的命令文化有一个准确的刻画：

> 你们必须充满激情，必须去做自己喜欢做的事，工作应该充满乐趣，你们必须能够有所作为。这些只是盛行在世界上和我所从事的行业中的一些信念。能有这些信念，我真是太幸运了。[3]

在加速文化中，诸如激情、爱和乐趣之类的词语越来越多地被关联到我们的职业生涯上。这使得社会学家伊娃·伊卢兹将当今时代描绘为一个经济和情绪相互交织的"情感资本主义"时代。情感资本主义是一种情感文化，身处其中，人的情感在个体的私人交易中起着重要作用。[4] 正是我们在情感上的竞争力让我们在市场（无论是工作还是爱情）上具有吸引力。社会学文献对"情感性工作"的概念有很好的描述。长期以来，情感性工作一直是服务行业的一个标志性特点，例如，空乘人员保持微笑，能让紧张甚至焦虑的乘客打起精神。即使遭受不公正的对待，他们也会以积极和热情的态度回应，尽管这会让他们自己感到身心俱疲。有些航空公司甚至让空姐参加表演课，好让她们知道如何能唤起积极的情绪。[5] 这些课程与某些演员挚爱的方法派演技是相通的——他们不光要表演出某些情绪，更要真诚地怀有这些情绪。关键词就是真诚。我们要的是空姐真的快乐，而不仅仅是假装快乐。

这类情感性工作现已从服务行业扩展到几乎所有其他行

业。在管理结构扁平化，需要大量团队协作的组织之中，在人际关系处理上能做到积极、配合、灵活是极为重要的。因此，核心竞争力是个人化、社会化和情绪化的。这同样适用于现代经理人，他们也必须同样充满激情。从本质上讲，情绪能力已经被商业化或商品化。我们在劳动力市场上买卖的也包括情绪能力。如果我们缺乏情绪上的竞争力（用心理学术语来说就是情商），那么就有可能会被送去参加个人发展课程，以便能更深入地了解自己。

到现在为止，我们应该知道，过多的内省是件坏事，（假如完全听信了自我发展的忽悠）它更可能带来麻烦，而不是解决问题。相比于自我发展的课程，我们可能对情绪文化的起源更感兴趣。20世纪70年代末，桑内特在他的著名分析中提到了"公共人的衰落"。[6] 公共人生活在旧式的禁止文化中，他们在公共领域的活动都受到传统礼制的规范。他们戴着面具，而不是在别人面前真实表现自己或表露自己的感情。桑内特描述了这种形式上文雅的社会传统是如何在越来越多的人向往真实的趋势中逐渐消失的，特别是在20世纪60年代反主流文化运动盛行之际。人们开始质疑传统的礼仪（比如握手），认为这些礼仪会压制人与人之间无意识的、有创造性的和亲密的联系。然而，桑内特认为他们大错特错。他认为，礼仪是人类以文明方式共度时光的先决条件，社会需要礼仪。让自己在公共场合的行为遵守某些仪式化的社会习俗，并不表示不真实。根据桑内特的说法，我们（实际）遭受了一种错误观念的伤害，即超越个人的和仪式化的（东西）在道德上就是错误的。他进而指出，当代已经产生了对仪式的蔑视，导致我们在文化上比最简单的狩猎采集部落更加原始。

现代社会对真诚和情感的（事物的）追求给我们带来了桑内特所称的"亲密的暴政"，在这种暴政之下，理想的人际关系变成了（在个人生活、教育和工作中）基于情感的真诚的邂逅。然而，这种理想化的行为只会导致人们不断地互相伤害。难道不正是仪式化的社会习俗的缺失导致了学校里和工作场所中霸凌行径的明显的泛滥？我们明显已经丧失了"文明"意识或礼貌感，这些都是桑内特定义的可保护人们不受彼此的伤害,但又能享受相互陪伴的社会传统。桑内特在《公共人的衰落》(*The Fall of Public Man*)一书中写道,戴面具是文明的本质。然而,它又被人们认为是不真诚的,本质上是道德堕落的,但事实恰恰相反(正如前文引用的斯拉沃热·齐泽克的说法)。或者至少在学校、工作场所、公共办公室等场合就应该如此。在这些场合中,仪式化的、礼貌的面具实际上完全有可能成为理性共存的前提。从这个角度来说,随着我们被愈加鼓励让自己的外在行为与内心感受相一致,这种日渐流行的情绪文化和应用到许多社会场景中的治疗方法确实存在非常严重的问题。总之,正如我们在本书的第一步中学过的,基于内心的感受去做选择是有问题的。也许我们应该从莱昂纳德·科恩身上学到一些东西,他在《别让它成为废物》(*That Don't Make It Junk*)这首歌中唱道:"我知道我得到宽恕,但我不明白我如何知道。我无法信赖我的内心感受,心中的感受来来去去。"

情感文化的后果

正如科恩所说,情感本身并不值得我们信赖,更不要说宣泄了。在一个不断变化的文化氛围中,我们的情感变化也可能比过去更加频繁。今天我们还热情洋溢地沉浸在慈善事业之中,明天就可能把情感转向最新播出的美剧。至少,我就是这样的人,尽管我确实尽量不过多地进行内省。作为一条准则,我们的情感并不能构成我们所要坚守的本心的基石。相反,情感会跟随当前的环境和趋势而发生改变。相信深入地挖掘自己的内在情感是追寻真诚的必要途径,这其实是一种错觉。对在高速公路上开得太慢的前车司机爆发怒火并不是值得骄傲的行为，即便这种情感是真实的，即便我们真的很恼火。

在追求真实情感的过程中，对真实的崇拜实际上让我们变得幼稚。被自己情感包裹着的幼童隐然被认为是理想的形态——他们在高兴时会微笑，在沮丧时会哭闹。这样的孩子可能是甜美并讨人喜爱的，但这种对真诚和天真的膜拜发生在成年人身上是非常有问题的。作为一个成年人，我们反而应该钦佩那些能够压抑，甚至彻底抑制住负面情绪的人。我们也应该注意不要随意抛洒正面情感。如果反复使用太多次，"太棒了！"这样的话语也会很快失去价值。就我个人而言，我用不了多久就会厌烦那些受过赏识性沟通训练的人说出的话。他们从头到尾都在赞美。只要不是确实有必要，就要把自己的情感控制好。不要"讨厌"肉酱的时候，连形容暴君的词语都用上，而"喜欢"肉酱的时候，又不吝于各式赞美之词，仿佛对待自己的亲生骨肉一般。斯多葛主义的自我控制理念可以帮助我们正确地看待事情。

许多人会反驳说，压抑情感是完全错误的。压抑情感，尤其是压抑负面情感的后果，是我们最终将自己的情感深埋在心底，而它们会在那里腐烂，并让我们感到极为不舒服。为了健康，我们一定要表露出自己的情感。当真是这样的吗？这方面的研究尚不明确。长期以来，人们总会把情感上的压抑和各种不良症状联系起来，比如自卑和癌症。但实际的研究结果千差万别。比如有些研究表明，一个有压抑情绪（如愤怒）倾向的人，如果是女性，那么她感染疾病甚至患癌的风险会更大。而对于男性来说，情况似乎正好相反。对于放任自己发泄怒火的男性而言，他们患癌的风险反而会更高。[7] 或者换成一种更乐观的表述，如果你是男性，抑制愤怒的能力越强，死于癌症的风险就越小。然而，我认为我们不应该过于迷信这类发现，因为同一证据给出的其他结论也能解释得通，并不足以成为生命哲学的根基。精神病学专家萨莉·萨特尔和哲学家克里斯蒂娜·霍夫·萨默斯在她们对当代生活疗法的批判中总结了她们的一项研究。她们认为，情感的克制，甚至是彻底压抑情感，可以是健康的，有益于美好的人生。她们得出的结论是，对大多数人来说，不受约束地放纵情绪并不能帮助他们获得健康心理，控制自己的情感反而可能有益，即使他们刚刚经历了悲剧和损失。[8]

另一个反对的观点是，压抑情感会损害自尊，因为我们会发现自己的情感也许是错的。对此显而易见的回答是，情感有时当然是错误的。如果我因为家里的小孩把牛奶洒在桌子上而表现出狂怒，那我的情感就是不对的；如果我在打高尔夫球时作弊，但仍然为赢得锦标赛而自豪，那我的情感就歪曲了。类似的例子不胜枚举。重要的是要认识到，情感的表达并不总是正当的，因此我们更应该对其加以管控和抑制。这可能特别适用于嫉妒、愤怒和轻蔑等负面情感，对于其他的情感也当如此。除此之外，值得记住的是，所有关于自尊的讨论都是基于谬见。在我们所处的情感文化中，人们经常被告知自尊心强是好事，自尊心太弱则是引发各式弊病的罪魁祸首。事实上，有大量的证据表明，最大的社会顽疾并不是自尊心太弱导致的，而是源于自尊心太强，这与精神变态和不道德具有统计学上的正相关性。[9]近年来，各项研究表明，自尊并非从事教育和人力资源发展的人士所期盼的那盏"圣杯"。

简而言之,我们没有理由担心抑制负面情绪会伤害自己(或者孩子)的自尊心。如果能学会压抑负面情绪,我们甚至可以避免展露性格缺陷。拿愤怒来说,通常情况下,若是知道情感可以随意发泄,人往往就会变得更加愤怒。作为成年人,我们必须掌握情感转移的艺术,即将自己的注意力从愤怒、嫉妒等情感中转移出来,才能分散甚至最终抑制住负面情绪。心理学的研究也表明,如果能把负面情绪抛到脑后,我们很可能就会忘记引发这些情感的不愉快事件。[10]我们之所以会回想起生活中一些不愉快的事情,比如有人污蔑了自己,不仅是因为这些经历本身是不愉快的,更是因为我们对它产生了强烈的情绪反应。根据斯多葛主义的思想体系,抑制愤怒会让内心收获更平和的心态,并减少那些会让我们失去平常心的糟糕经历。

但抑制负面情绪难道不意味着与关注消极的方面相矛盾

吗？后者的重要性我们在本书的第二步中强调过。是的，如此说也对，也不对。我们讨论的是在不同情景下的两种不同建议。有时候抱怨消极事件是有益的，有时候压抑对那些消极事件的愤怒是有用的。很显然，任何一种答案都无法百分之百正确。与常见的励志书籍倾向于只推荐一个特定的解决方案（例如积极思考）不同，我这本书传递的信息是，现实世界是复杂的，从来不存在一个统一的答案。永远不要忘记怀疑有多么重要。记住，生气和关注消极的事物是不一样的。斯多葛主义哲学的目标正是关注消极的事物，而又不产生愤怒——要么作为生活的一部分我们选择接受，要么只要能有所作为，我们就试着带来积极的改变。

我们该怎么做？

我们如何能学会更成功地压抑自己的情感呢？以愤怒为例，斯多葛主义思想家，特别是塞涅卡，就曾仔细研究过。[11] 其基本理念是，愤怒是一种重要的人类情绪。只有成年人才会愤怒——孩子和小动物只会变得好斗或沮丧，但我们很少会说"愤怒的婴儿"或"愤怒的猫"。其原因是，愤怒需要一种反思式的自我意识，这种自我意识直到成年并获得羞耻感之后才能发展出来。塞涅卡把愤怒定义为一种报复的冲动。虽然这种冲动非常符合人性，但他强调人类的生命太短暂了，不能浪费在愤怒上。

我们可以把愤怒看作自我意识的一种代谢物,我们不但需要忍受它,还要想方设法尽快处理掉它。

幽默就是一种控制和化解愤怒的重要技巧。根据塞涅卡的说法,对本该让我们生气的事情发笑是一种有益的反应。比如说,如果有人侮辱我们,幽默是比反击更好的回应。前些时候歌手詹姆斯·布朗特因在社交媒体上对各种极为刻薄的评价做出非常风趣的回复而收获了赞誉,他的文字让那些"黑粉"显得心胸狭隘。引用推特上一个不那么充满恶意的评论,"詹姆斯·布朗特只有一张讨厌的脸和一个非常烦人的嗓音",布朗特只回复了句"还没有房贷"。用谷歌搜索布朗特的其他回答,我们也许可以发现一些妙招来应对侮辱,而这种侮辱本来会引起怨恨的愤怒情绪。塞涅卡强调,我们生气的时候(这是无法避免的),更应该为此道歉。这能修复社会关系,还可以强化自我。道歉的行为通常能让我们忘掉自己恼怒的原因。

爱比克泰德建议用一种被称为"投射观想"(类似于推

己及人）的技巧抑制愤怒。他举出的例子是，古罗马时期有个人的奴隶打碎了一个杯子，这让他很生气。他也可以这么想，是他朋友的奴隶打碎了他朋友家的杯子。如果是这样的话，他可能会认为朋友的愤怒完全是小题大做，并会尝试让他们冷静下来。[12] 这样的观想会让他意识到这件事情本来无足轻重，更不值得勃然大怒。马可·奥勒留也会将注意力转到事物微不足道的一面，以此来消除愤怒。一般来说，他建议我们去思考万物的无常，这样可以消除因为一些事物消失而产生的愤怒和沮丧。如果杯子破碎了，这可能会让人觉得可惜，尤其这杯子可能很值钱，但从永恒的角度来看，万物最终注定会消亡，相形之下，杯子的破碎就显得极其微小和无关紧要了。

人生苦短，莫要生气。我们必须学会约束那些会扰乱内心平静和干扰自己坚守本心的情感。如果想要坚守本心，必要的先决条件就是我们不能轻易被打乱步伐。我们不断受到情感诉求的考验——来自电视节目、社交媒体和广告，妄图让我们不停地改变自己的诉求。一味追求短暂的欲望,又如何能坚守本心?如果我们不能坚守本心,就无法尽心履责。因此,我们应该学会抑制自己的情感。这可能要以牺牲真诚为代价,尽管真诚就其本身而言是一个优点。控制自己的情感,这会给予每个人相当程度的尊严。练习戴上面具,练习不被他人的狭隘所影响。当我们掌握了这些之后,就可以准备进入下一步了——解雇你的培训师。

第五章

解雇你的培训师

在加速文化中，培训已经成为无处不在的提升途径。一名培训师的职责是帮助客户找出内心的答案，并意识到自己的全部潜力。但这个目标也太不靠谱了。考虑一下解雇自己的培训师，转而和他成为朋友。也许我们可以为我们的培训师买一张博物馆的门票。然后扪心自问，如果我们把注意力投向外部世界而不是内心，生活将教会我们什么。学会享受文化和自然的馈赠，最好与之前的培训师分享心得。让我们一个月至少去野餐一次，或参观一次博物馆。

可能到这时候我们的培训师早就沮丧地辞职了，因为还没有到第四章，我们就已经不再那么渴望去省视内心，并且学会开始关注消极的方面、戴上"不"的帽子，以及抑制自己的情感了。到了这个阶段，即使培训师还没主动放弃，我们也该和他分道扬镳了。培训课程总是许诺"我们会在自己的心中找到答案"，但我们如今已经明白这只是个幻想。身处加速文化之中，人们很难坚守本心，而这些培训课程也许正是这个加速文化所有错误最明显的体现。培训的理念建立在不间断地发展和改变的基础上，而不考虑变化的方向和内容。这其实也就是那些培训所具有的合理性。这就是一项用于出售的服务，就是经理提供给员工的，或老师提供给学生的东西。

我要求大家炒掉自己的培训师，并不完全指的是字面意义上的培训师。事实上，大多数人根本承担不起一名培训师的费用（他们每小时的收费通常不低于100英镑）。我指的培训师是各种各样用上了我口中"生活培训法"（也可以称为治疗法）的代表人物——他们喜欢向我们灌输各种各样自我提升的技巧（他们自己也依赖这些技巧），具备很明显的培训师的形象。因此，培训师应该被视为加速文化中更普遍趋势的代言人。通过"宣道"发展、积极和成功，培训师反对斯多葛主义盛赞的通过静止不动和坚守本心来实现的平和心态。我尖刻地用上了"宣道"这个词,因为培训师有点儿像我们这个时代的大主教,对自我提升和自我实现有着近乎宗教般的痴迷。

生活培训法

多年来,培训始终是一个能保持持续增长的领域,它已经从体育界扩展到了教育和商业板块,以及普通生活(打着生活培训的幌子)中。在加速文化中,培训师近似于一种自我的宗教。[1]换句话说,培训应该被视为一种包罗万象的世界观的一部分,而这种世界观以自我及自我提升为中心。对个人发展的需求似乎永不满足,有领导力培训、员工培训、青少年培训、家庭培训、性培训、学习培训、精神培训、婴儿培训、生活培训、母乳喂养培训等,没完没了。每个人都想攀附培训这个时髦的宠儿。如今培训影响了相关的实践活动，如咨询、心理治疗和教牧关怀。几年前，我的很多朋友和熟人都为了当培训师而接受训练。现在培训师的人数如此之多，以至于那些已经完成培训的人都很少能以培训师的身份谋生。即便如此，支撑这股热情浪潮的思维方式已经蔓延到社会的众多领域。

培训已经成为一种管理人际关系的标准化方式，尤其在有人被认定需要（自我）提升之际。培训师驱使我们前进，并宣称这是基于我们自身的状况和偏好。他们之所以能够这样做，是因为他们并不是外部的权威，不能掌控我们生活中的好与坏。根据当今典型的消费者心态，顾客永远是对的，所以只有自己知道什么对自己有益，什么对自己有害。培训师的工作是帮助我们了解自己和自己的偏好，而不是将这些内容强加给我们。他们必须能如实反映我们的愿望，帮助我们实现自己的目标。培训师问问题，但答案来自我们的内心。

在以自我为中心的文化中，培训已经变成了一个关键的心理学工具。因此，培训是一种更广泛的世界观的一部分，我们或许可以（略激进地）称之为自我的宗教。[2] 自我的宗教已经接管了基督教的许多职能：牧师的角色现在由心理治疗师或培训师扮演；宗教派别的划分已经让位于治疗、培训和其他个人提升技术的划分；恩典和救赎已经被自我实现、技能提升和终身学习所取代。最后，也许最重要的是，上帝曾经是宇宙的中心，但这个中心现在变成了自我。像这样如此多地谈论自我和个性（自尊、自信、自我提升等），在人类历史上是从未有过的。我们也从未有过如此多的方法，用来衡量、评估和提升自我，即便到现在我们基本上还弄不清楚自我到底是什么。

与基督教不同，自我的宗教中没有一位外在的权威（上帝）来为生活和人类的发展指明框架。相反，我们有一个内在的权威（自我），我们现在相信它就是生命的指路明灯。正如前面提到的，这就是学会了解自己、与自己共处以及向自己所希望的方向发展被认为如此重要的表面原因。近年来，育儿、教学、管理、社会工作和许多其他社会实践都得到了"治疗"。现代教师不再是把大量知识传授给普通人但又令人讨厌的专制者，而是亲手促进学生个人全面发展的准治疗师或培训师。教师早就不再使用教鞭了，当今的教师使用的是"心理教鞭"，比如通过自我发展，助力社会控制各种社会教育或群体治疗的游戏。这类游戏基于这样一种理念，即通过采用高度个性化的方式来识别儿童的积极品质，促进儿童的发展。老师甚至可能参加过专门针对教育问题的培训班。同样，当代的经理们也不再是只关心招聘、解雇和管理的高高在上的专制者，而是倾听和内省方面的治疗师，比如在绩效和发展评估或培训课程中，他们会努力开发员工的个人技能。我们去工作的时候，自我也会跟着一起去，所以我们需要把自我打造得适合市场的发展方向。最重要的是，我们必须将自己视为技能提升项目所要用到的材料。[3] 在这种情况下，培训就是我们发现、评价和优化自身技能的关键工具。

培训的危险之处

国际成功学大师安东尼·罗宾斯曾做过乔治·布什、比尔·克林顿和米哈伊尔·戈尔巴乔夫的培训师（是真的，我没开玩笑），他认为：

> 要想幸福，我认为有一样东西是你们最需要的，那就是进步。在我的培训生涯中，我把自己的一句话奉为至理名言，那就是"进步，永无止境"。我自己就是这样生活的。如果你们在（伴侣）关系上寻求幸福，就需要发展。如果你们想对自己的身体感到

满意，那就需要训练。如果你们的工作或生意想要成功，就需要进步。[4]

"进步，永无止境"对于成功的运动员而言也许是一句有用的口号，但要把它当作普通人的幸福公式，多少有点靠不住。接受培训的危险在于，绝不会容许我们坚守本心，因为每个人的身上总会有需要提升的地方，如不去改进，那就是我们的过错。也就是说，我们明显还没做到尽力而为。这里隐含的意思是，只要我们足够相信、足够渴望，一切皆有可能。如果事情没能成功，那只是因为我们没有调动充分的意志力和积极性。这样做的结果是，遇到不顺利的时候，我们就会主动批判自己，我们内化了外部的社会批判，并将其转化为内心的自我批判。[5]

关于培训，还容易出现一个问题，那就是庸庸碌碌、疲惫不堪、情绪低落或者一事无成的人会把培训当作一剂万灵药。真正的问题在于，可能正是对自我不断提升和完善的需要，导致了疲惫和空虚。如果是这样的话，更多的培训可能反而会恶化培训宣称所能解决的问题。坦率地讲，培训更像是饮鸩止渴。我们甚至可能在花了很长的时间研究自己之后，才意识到内心什么都没有。如此说来，培训就失去了入手的对象，培训的关系也无法成立。培训在本质上就是有人在我们面前举起一面镜子，反射出我们内心的目标、价值观和偏好，并帮助我们实现它们。自我宗教最核心的思想是我们将会在自己的心中找到答案。这既决定了发展的方向（我想去哪里），也充当了衡量成功的标尺（到什么时候我才算足够优秀）。但考虑到这个标尺是主观的，即它不受外部标准的约束，人们将面临在不断膨胀的真空之中努力发展的风险。这样的发展，什么时候才是尽头呢？"进步，永无止境"是关键词，但我们永远都不够好。

在安东尼·罗宾斯诸多著名励志名言中，有一句是这样的："成功就是在喜欢的时间和喜欢的地方，和喜欢的人一起做自己喜欢的事情。"言下之意就是，自我实现就是人类存在的意义，而不用管每个人追求的个性化偏好到底是什么。极端地讲，这种思维方式倒像是精神变态或反社会型人格障碍,因为这样思考会怂恿我们不惜一切代价得到自己想要的东西,而周围的人充其量不过是自我实现目标的工具,他们的价值只是用来最大化自身的幸福和成功。成功就是"和喜欢的人一起做喜欢的事情",如果用这样的成功定义来教育子女,我们只用告诉他们想要做什么都可以,而教育的关键就在于教会他们如何实现这些愿望。这就是主观主义的一个明显例证,它盛行于加速文化之中,借助于自我的宗教而备受培训师的推崇。现实中,抚育子女还包括教会他们认清社会的既有边界,以及所有人都必须接受生活在其中这一现实。传统的育儿观念基于这样一个理念,即自我之外也存在值得了解的事物。人们普遍认为,把前一步中讨论过的品格和节操传授给子女是父母(还包括幼儿园和学校的教师)的职责,只有这样,孩子才能认识社会的既有边界,并做到不离经叛道。但如果我们相信一切都来自自我之内——上进心、价值观和理想,那么育儿者就会退化到一个听众的角色。换句话说,育儿者也变成了一名培训师,他们也会更专注于反映内心,而不是定义价值观和边界。

当然问题在于，建立在培训原则上的育儿哲学——故意不灌输价值观或不教授边界的概念——能否培养出自立的、健全的成年人。按照这种方式培养的孩子在长大之后，很可能会更看重自己内心的冲动，而不愿去弄明白生活中什么事情是重要的，也无法履行自己作为一个人的义务。他们将成为内省的专家，有能力优先考虑自己的喜好，也有办法最高效地践行自己的喜好，但他们充其量只是精明的孩子。他们可能是方法优化的专家，但无法理解自己对生活的义务会超越个人和主观的视角和喜好。换句话说，他们不会意识到有些事情自己应该去做是因为它们很重要，不能单凭个人的好恶。生活中有一些事情是很重要的，并且不会因个人对它们的感受而改变，但训和自我的宗教对这个观点嗤之以鼻。

培训和友谊

很多人对培训师或治疗师的信赖实际上已经取代了传统的友谊。人是这样一种动物,他们不单单需要配偶,同样也需要伙伴。柏拉图和亚里士多德之后的哲学家皆认识到,友谊是人之境况的基础。依照亚里士多德的说法,朋友就是彼此都能从一起度过的时光中收获快乐的人。我们真心希望朋友能过得很好,不只是因为我们能从他们的美好心情中受益。因此,友谊是一种有其内在价值的关系:朋友就是我们为了维持友情愿意付出的那个人。如果我们帮助别人只是为了让自己获益,那么这并不是严格意义上的友谊，而是一种基于隐性契约的伙伴关系（要我帮你，你就得帮我）。"利益交换"（quid pro quo, 拉丁语，字面意思是"以物换物"）适用于许多类型的人际关系，比如老板和员工之间的关系，但不适用于父母和子女之间的关系（父母有义务陪伴孩子，无论有没有想过作为一名家长应该从中得到回报）。亚里士多德认为，朋友之间也不存在交换关系。从这个角度来说，我们也许能够有把握地认定，人类是唯一拥有朋友的生物，因为他们的关系是建立在相互给予的基础上。

但问题是，这种专门关注个人喜好并经由培训师提供自我提升工具的自我的宗教，能否被诠释为一种现代形式的友谊。答案显然是否定的，因为培训师和客户之间的关系正是一种典型的工具性关系。只有在双方都能从中获益的情况下（通常是基于经济利益，毕竟培训是一门生意），这种关系才得以维系。有一个事实非常值得注意，在过去我们只会与最亲密的朋友分享的梦想和秘密，近年来却成了旨在实现自我全部潜能的培训课程中不可或缺的部分。这似乎是加速文化中一个更普遍趋势的一部分——建立真正的友谊越来越困难。"朋友"这个词听上去已经过时了（尽管还不像在脸书上用得那么随便），如今人们更倾向于用"关系网"来代替朋友圈。但是关系网是拿来利用的，为了能在需要时调动关系，我们需要尽心地维护、培育和扩展它。如果我们想换个工作，就应该先到关系网中打探一番。作为"社会资本"的一种形式，社会学家从定性和定量两方面衡量关系网的广度和深度。在这种情况下，所谓的"资本"并不是一种比喻。这标志着人际关系的商品化和真正友谊的减少。按照亚里士多德和斯多葛主义理解的传统角度，朋友是根据他们自己在一个人一生中的价值所定义的——他们并不只是一种资源，不能被我们用于从中获取最大的价值。换句话说，真正的朋友不是我们能买到的。

我们该怎么做？

如果有人像我一样，对培训这种方式以及它代表的人际关系逐渐功利化感到不适应，那么就先要检查自己的言论。我们应该谈论的是自己的朋友圈，而不是关系网。这样的话，朋友的定义就应该与当今惯常的理解存在很大不同，像脸书上的"好友"可能只是一个联系方式，仅此而已；关系网则包含了建立在某些形式契约上的各种关系。然而，一个真正的朋友是我们希望能过得最好的人，是我们即便在交往中得不到任何好处，也心甘情愿提供帮助的人。我们只是希望他能把我们也当作真正的朋友。友情与爱情一样,并不存在像合同一样的约束力。所以,我们要重拾友谊和朋友圈的概念,炒掉自己的培训师。

也许我们最终会和自己的培训师成为朋友。培训师通常都非常好,他们之所以选择这样的职业,正是因为他们喜欢接触人,想要帮助别人。也许,我们将和新朋友一道发现某些事物具有的内在价值,而非依照个人的好恶单纯地按其最大功效进行评判,比如,能否让自己实现尽可能多的心愿。说到这里,我要推荐两种类型的共同活动——文化活动和自然活动,也许能给这份刚建立起来的友谊提供肥沃的土壤。这两类活动分别以博物馆和森林为代表。博物馆藏有一系列过去(或近或远)的物件,有艺术品,也有讲述某个特定年代或人类某些经历的人造物品。显然,我们可以从参观博物馆的体验中学到很多东西,但最大的乐趣在于沉浸于这份体验之中,不必在意如何利用这些知识和信息。换句话说,关键在于学会欣赏那些不能被"利用"到其他地方的事物。从某个极端的角度来理解,博物馆展览和推崇的物件称得上或旧或新的垃圾。站在纯功利主义者的角度,这样思考当然是非理性的。但这也提醒了我们,我们的根基是由无数文化传统相互交织而成的,而且我们的集体经验也是从中获取的。站在别人肩膀之上的时候,坚守本心不就会更容易一些吗?

同样,漫步于森林之中会让我们觉得自己是大自然的一部分,也会让我们明白,森林不应该仅仅被视为满足人类需求和欲望而存在的资源。青草、树木和鸟儿早在人类出现之前就存在,可能比人类更久远。它们的出现并不是因为我们。从斯多葛主义的角度来看,自然是一个"宇宙",它超越了人类经验的世界。我们不一定非要把自然奉若神明,但在大自然的面前,一点点的谦卑会引发对自我的宗教某种有益的怀疑(自我的宗教的产生正源自对自我的某些崇拜)。欣赏自然内在价值最简单的方法就是走进大自然。扪心自问,如果抹香鲸灭绝了,这个世界会不会变得更加可悲?如果从抹香鲸对人类有用程度的角度来看,即把全部的意义和价值都简化为人类的主观感受,那么这个回答极可能是否定的。抹香鲸是否会灭绝根本微不足道，因为它能为人类提供的价值实在微乎其微。但是我们中的大多数人可能会对这样的答案感到有些不安，而且会下意识地认定，没有了抹香鲸的世界更加令人怜悯。即使我们认为自己永远不会见到鲸鱼或者与之有任何交集，也会这样认为。同样的思考适用于博物馆和其中的藏品。有人在意一个装满垃圾的博物馆被付之一炬吗？我们中的很多人都会在意。在自我的宗教之中（意义和价值皆出自主观因素），人们很难（如果不是完全没可能的话）找到对这些事情担忧的清晰理由。但许多人确实在意抹香鲸和博物馆这一事实，凸显了构成自我的宗教和所有培训师自诩为智慧的思维方式的扭曲本质。

一旦我们解雇了自己的培训师，并决心重新回到能超越自我的生活，最好去做一些对他人也有好处的事情。这可能并没有想象的那么困难，所以在不为人知的情况下为他人做一些好事就更好了。但是这样做并非轻而易举，因为这完全违背了交换的心态。匿名的善举会帮助我们理解做好事的内在价值。我们将会明白，某件事是否有价值与我们的内心感受并不相关。[6]这个世界还有很多我们能做的事情是好的、重要的、有价值的,即使我们没有从中得到任何回报。

第六章

读一本小说

——不是励志书，也不是传记

名人传记总是能占据畅销书榜的榜首，但它们往往只是颂扬名人的琐碎生活，并强化生活受我们自己掌控的理念。励志类的书籍也是如此。书中那些关于幸福、财富和健康的许诺很难实现，所以我们面对失败会心生沮丧。相反，小说能让我们懂得人类的生活既复杂又难以驾驭。每个月至少要读一本小说。

炒掉自己的培训师之后，我们可能会出现离开自我提升后的戒断症状。持续地专注于自己的内心和自我发展之后，再开始去留心周围的世界并不是件容易的事情。跟有些依赖尼古丁贴片的戒烟者相似，你可能会喜欢那些许诺让我们的生活更健康、更快乐，并引领我们实现自我的励志书。也许我们会像大多数人一样,去读一本传记。现代人对传记(自传)的痴迷反映出一种个性化的文化,这么说多少有些老生常谈,但就算是老生常谈,讲的也是一个"非常明显"的事实。我还认为,传记采用的线性叙事(按事件发生的先后顺序展开)在加速文化中自带一种让人心安的效果。如果不采用这种叙事方式,这些书读起来就会杂乱不堪。励志书和自传都将自我推崇为生活中最重要的一面,但自我很少能像节操和道德价值一样达到某种形式的平衡。相反,自我一般都要追求不断地发展和变化。除了本书之外,我从来没有见过还有哪一本励志书在寻求帮助读者坚守本心,抗拒个人的发展。我们永远都不会看到一本名为"自我发展——让我无法进步的一个原因"的自传。

本书第六章的目的是粉碎我们对自我的文学的依赖。这类作品往往强化了这样一种观点:生活是可控的,只要我们能了解自己并提升自己。早在 20 世纪,哲学家查尔斯·泰勒就分析过他所谓本真性的伦理(生活就是对自己诚实)如何导致了新形式的依赖,即无法确定自己身份的人需要各种各样的励志指南。[1]是什么引起了对于身份的不确定,并导致了依赖的风险?泰勒认为,这是因为我们开始崇拜自我,以至于将自己与外部的一切事物——历史、自然、社会和任何源自外部的事物——隔绝开来。在前一章中,我将这种自我崇拜称为"自我的宗教"。如果否定了外源的可信性,自我的定义就只能基于我们自身。这样做没有一丁点的用处,更糟糕的是,这让我们根本无法理解自己的责任以及什么是生活中重要的事情。

励志文学要负一定的责任,我们应该回避。然而,总体来说,阅读还是非常有用的,所以我建议大家把目光投到另一类文学作品小说上。与励志书和大多数自传[2]不同,小说能更忠实地表现生活的复杂、随意、混乱和包罗万象。小说可以让我们联想到自己面对生活有多么无力,同时也能显现出生活怎样与社会、文化和历史的进程密不可分地交织在一起。承认这一点可以赋予我们一定程度的谦卑,这可能会帮助我们在生活中履行自己的职责,而不是持续地专注于自我和个人发展。

当今最流行的文学体裁

近来,心理学家和社会学家奥勒·雅各布·马德森从文化的视角对励志文学进行了批判。[3]他在书中分析了认同方法(包括自然语言处理)、正念、自我管理、自尊心和自我控制,并分析了这些不同的励志方法是如何骗人的,让大家认为通过沉思或增强自尊等方法可以解决一系列的问题(如环境危机和金融危机)。马德森认为,大多数励志文学隐藏着一种强烈的意识形态失衡,即每个人天生要对自己的命运负责,必须寻求用个人的方法去解决社会的问题。其中的基本矛盾在于,一方面励志文学歌颂个人、个人在选择上的自由和自我实现；另一方面，它使人们越来越沉迷于励志和治疗性的干预方法。据称自我实现能造就自食其力的成年人，但实际上，它创造了一批无法自立的巨婴，而这些人往往认定真理就在自己的内心之中。

马德森开篇引用了威尔·弗格森针对励志行业的讽刺小说中的内容（书名就是简单的"幸福"二字），开始了他全面细致的剖析。主人公是一家出版社的助理编辑，他偶然发现了一位匿名作者写的一本励志书手稿，后来出版了这本书。与同类型的竞品不同，这本书中的励志方法是百分百有效的。它治愈了人们的伤痛，让他们变得富有、成功和快乐，所以瞬间就成了一本畅销书。当然，这种普遍存在的幸福流行病的后果是无法预见和计算的。所有消费人类不幸的产业（包括黑手党）都在针对这家出版社，而且往往是通过暴力手段。为了保命，助理编辑被迫找到了那本书的作者。原来他是一个愤世嫉俗的癌症患者，早就听天由命了，他写这本书只是为了让他的孙子得到一些稳定的财源。为了对抗毁灭性的幸福病大流行，作者同意写一本反励志的书，也许与我写的这本书没有太大的不同。

这场令人捧腹的讽刺剧让我们注意到了一个无可辩驳的事实：励志书根本就没有用！成千上万的励志书之所以能够出版——每一本都许诺要帮助我们实现自我、获得进步，成为"最好的自己"——正是因为它们没有特别的效果。或者继续上文那个戒烟的比喻，随着尼古丁贴片效果持续的时间越来越短，戒烟者需要的剂量也越来越大。励志文学也是如此。一旦做到了健康地生活，遵照自己的体质饮食，或者练习"正念饮食"，我们就又会受到那些更新奇的，似乎更能让人兴奋的诱惑——总会有更多的书要买，总会有更多的概念要去探究，也总会有更多的课程可以参加。从这个意义上来说，励志行业反映了加速文化中人们的消费心理，因为许诺有助于读者发现自我的产品（包括图书），实际上反而是在无休止地改变自我，即安东尼·罗宾斯布道的"进步，永无止境"。这就又产生成了新的矛盾。总的来说，励志文学宣扬的是流动性，而不是稳定性。我们必须做自己，但又无时无刻不需要改变。

同样的道理也适用于当今第二大流行的文学体裁：自传。自传长期占据畅销书排行榜的前几名，因为我们都想知道名人是如何实现自我的。传记中的主人公越来越年轻，成功好像在人生中来得越来越早。任何一个出名的体育明星到 30 岁的时候都将拥有一本自传。许多商人、电视节目主持人、音乐家和演员也会出版自传。这类书的基本逻辑相当一致：生活就是一趟旅程，其中的主角凭借个人的选择和历练，成了真实的自己。自传这个大类中有一个特殊分支，就是在本书第二步中提过的那种悲惨人生的回忆录。这类作品将某种特别痛苦的经历（一场危机、一段失败的婚姻或精神崩溃）描绘为上天的恩典。只需要乐观地认识自己的痛苦，痛苦就会转化为能让自己更深刻地认识自我的力量源泉，并最终改善自己的境遇。自传类书籍极少会描述那些只带来了负面结果的危机。更多的情况是，危机和逆境被展示为个人成长和发展的机遇。有些时候情况可能确实如此。然而，读到这类书的时候，我们也应该明白，在正常的情况下，"危机"

和"逆境"就是这两个词的本义,指那些不会有任何好结果的可怕境遇(如果遇到,通常不会发生自传文学中常见的大反转)。比我们所想的更常见的情形是,最好的办法只能是努力活得有尊严,正视负面的事物并接受它。但我们无法从典型的励志书或自传中学到这一点(相反,我们可以从塞涅卡和马可·奥勒留的著作中获得启发)。

将小说作为一种自我的技术

我认为人们通过读小说,能够学会接受逆境。当然,小说是一个极其宽泛的体裁类别,涵盖范围很广,包括庸俗小说和俄罗斯存在主义经典著作等。不可否认的是,无可计数的小说采用的叙事方法都遵循了我们在思考自我提升的过程中发现的线性模板。但关键区别在于,小说这种体裁还可以用其他各种方式自由地展现生活和自我。我们现代将生活理解为一个自传体作品,无疑与现代小说作为一种文学体裁的出现有关。[4] 这类小说(塞万提斯写于1606年的《堂吉诃德》就是最早的代表之一）描绘了一些特定的个人在这个世界中的经历,并揭示了他们的看法是如何影响到书中所描绘的世界的。这与更早时期的文学作品(比如民谣和民间故事中的中世纪经典叙事,通过聚焦能代表普遍经验的一般状况来刻画"每一个人")形成了鲜明的对比。小说与早期阶段的个性化论平行发展,它既是个性化论发展的产物,也是个性化论的共同创造者,教会大众读者从主观的第一人称的视角来理解世界。

随着小说体裁的演变,苏联文艺理论家巴赫金明确了小说的复调特征。换句话说,小说家不局限于用单个旋律来表达,而是能使用多个旋律,甚至是彼此冲突的旋律。然而,尽管不同的角色对这个世界有不同的解释,最终我们仍然是在应对一个单一的世界。近年来出现了新流派的小说,有时被称为多神派(polytheistic)。[5] 日本畅销小说作家村上春树就是为多神论小说的发展推波助澜的作家之一。这类小说中会有多个神(或多种世界观)相遇,那里并不是多方观点汇聚的单一世界,而是许多个不同的世界,读者则被一个个不同的世界吸引到其中,然后又被拖曳出来。村上春树的多神元素在他的许多作品中都有明显体现,但最重要的也许是他的神作《1Q84》,其中具有标志性的是取材于现实的"小小人"。在村上春树的小说中,现实往往会改变形态。村上春树或许可以被视为一位魔幻现实主义者,尽管他的作品有别于拉美魔幻现实主义文学的先驱,比如加夫列尔·加西亚·马尔克斯和豪尔赫·路易斯·博尔赫斯,而且格调比他们更让人伤感。

如此说来,小说已经从用单一视角发展到用多元视角去反映单一的世界,最终又发展到了用多元视角审视多个世界。读到村上春树的众多世界,可能会让我们感觉到自己立足的基础并不牢固。我们开始怀疑原以为自己明白的事物,如果有人还能记起本书第三步中的一些内容,那就是我们的世界迫切地需要更多的怀疑者。我们需要某种怀疑的正义性,但说起来容易做起来难。小说可能比哲学家和自我提升者更适合实现这一正义性。我相信与安东尼·罗宾斯的培训指导或马丁·塞利格曼的积极心理学书籍相比,查尔斯·狄更斯、弗拉基米尔·纳博科夫和科马克·麦卡锡的小说（有几本是我的挚爱）会让我们成为更好的人。诚然，拿小说和励志文学做比较，就像拿香蕉和梨做比较，但二者的共同之处在于，它们都在探索人性和生活的真谛。我很想知道，如果用村上春树的复杂多神元素完全取代安东尼·罗宾斯对自我及自我发展的一神元素，我们对自己的文化认知会发生怎样的改变？

小说经过了几个世纪的演变，我们也见证了读者群体的变化。借用哲学家米歇尔·福柯独创的见解：小说是一种自我的技术。对于福柯来说，自我总是与塑造和影响主观的技术交织在一起。福柯将"自我的技术"定义为个人在与自己的关系中所使用的全部工具，利用这些工具，人们能以特定的方式将自己创造、再造和培养为主体（比如行动的个人）。[6] 福柯选取历史上的不同时期，检验了代表那个时期的自我的技术，例如斯多葛学派的书信集、自传体的忏悔录、考试记录、禁欲主义和梦的解析。表面上看，福柯的自我的技术似乎等同于自我提升的理念。然而，重要的区别在于，当今的自我提升者一贯假定内在自我存在,只不过是有待发现和有待实现,而福柯认为自我是一个幻觉,就像艺术家画的肖像,它们是被创造出来的东西,它们在被创造出来之前并不存在。另一个不同之处在于,自我技术的概念与对伦理的理解密切相关。伦理的概念在福柯的后期作品中扮演着重要的角色,因为它代表了自我与自身的持续关系。因此,伦理学并非那个抽象的哲学学科,而应该联系主体的实践培养和教育去理解。[7]作为一个人,作为一个主体,不仅要发现和发展既存的自我属性,还应有对于作为人类的伦理层面的反思。而且,伦理在一个多神世界中扮演着极为重要的角色,在那里目标不是找出关于我们自己的真相,而是要活得真实(正如前面第三步中汉娜·阿伦特所拥护的)。实现这一点的前提是,小说会帮助我们更好地理解这些事物。

不抱有幻想的文学

有人也许要问,到底我该读些什么呢?这是难点所在。答案也因人而异。除了复述一些显而易见的事实,如荷马、但丁、莎士比亚和众多现代小说家值得一读的经典文学作品以外,我只能向大家推荐真的给我带来过益处的一些作家和书籍。从唐老鸭到塞万提斯,每一部作品都有其深刻的见解,我只希望自己喜欢的书不会让人觉得太过于精英主义。作为村上春树的一名忠实读者,在我看来,他对从梦境到烹饪的一切事物的生动描述,让读者陷入的沉思远远超过了任何正念练习。我还要简短地探讨另外两位对我来说也非常重要的当代作家。

一位是法国作家米歇尔·维勒贝克，他也是一位加速文化的敏锐观察者。他是个有争议的人物，毁誉参半。有些人认为他是一位才华横溢的作家，继承了可以追溯到左拉的法国实证主义传统，而另一些人则将他视为哗众取宠的江湖骗子。我并不想在此尝试下定论，也许他两者兼具。他的作品所要表达的是，我们的生活（以及我们对自我的认识）是社会和历史进程的结果，这些进程包罗的内容过于丰富，因此任何一个人都无法对之产生影响。他的书也常常以一种幽默和讽刺的方式，展示这些社会和历史进程出现的问题。我听一些人说，阅读维勒贝克的文字会让他们心生沮丧，但他的作品对我的影响恰恰相反。他对我们这个时代及其问题的观点颇具启发性，那就是不要带任何幻想。

很难确定维勒贝克的书是纯粹的虚构，还是含有强烈的自传元素。它们持续在（传记性的）事实与虚构之间、在艺术与科学的冲突中来回游走。[8] 主人公常让读者联想到作者本人，而且在他的大部分作品中，男主角的名字也叫作米歇尔。在他最著名的一部作品《基本粒子》（*Atomised*）中，主人公被痴迷于自我发展的父母（这对夫妇很快意识到照顾一个孩童的负担与他们个人自由的理想不相容）抛弃后，由祖母抚养长大。这与维勒贝克自己的经历非常相似。

在维勒贝克的作品中反复出现的一个主题是，加速发展的消费社会中人类关系的绝对商品化。在他的小说中，几乎每一种关系都以服务的交换为特征，其中个人体验是他们最宝贵的资产——对应生活中一切事物都是有价格的。爱情大多被描写为纯粹的性，而宗教只不过是由肤浅、滑稽（也有人认为是极为重要的）的新时代哲学构成的，充其量不过是新奇体验市场中的一种产品而已。维勒贝克的小说告诉我们，对自我和自我实现的追求基本上体现了晚期资本主义社会的特点：在这个社会中，即使是最亲密的关系，也受到了商品化和工具化的影响。生活就是尽可能多地去体验，而无须找到外在的标准来坚守（本心），因此"道德价值在六十年代、七十年代、八十年代和九十年代的毁灭是一个合乎逻辑且几乎不可避免的进程"。[9] 维勒贝克对后现代消费社会中人类生活的关键方面和身份认同（瓦解）的反乌托邦式描写可谓既精准又夸张。从这个意义上说，他的书可以被视为某种形式的文艺社会学，解析了加速文化的走向及其对人类产生的影响。

类似的事情同样出现在挪威作家卡尔·奥韦·克瑙斯高的身上，近年来他凭借自传体小说《我的奋斗》（*My Struggle*）获得了全球赞誉。通过几乎催眠般地将读者吸引到这几千页的篇章之中，克瑙斯高让我们注意到了日常生活中让人着迷的细节。克瑙斯高并不像维勒贝克那样批判或讽刺，但他同样不带任何幻想，并且他的书与他自身的现实生活交织得更为紧密。但他的伟大作品难道不就是一本自传吗？对，这就是一本自传，同样也是一本励志书。或者我们也可以这样说，由于它的怪异，他将自传解构为一种体裁。一本典型的自传叙述了作者创造或实现自我的里程碑式的决定和关键事件。相反，克瑙斯高则记录了一些看似琐碎的情况，例如参加一名政治正确的瑞典儿童的生日聚会，或自己对性经验的缺乏。但是，他并不是顺手就写下它们的，相反，这些事情是这本书的核心。它不是一幅自画像，更像是对人类生活的文学反思——反思我们与他人、家庭和自然的关系。客观来看，维勒贝克和克瑙斯高的书很有可能都是不正确的（而且二者都成了被告，因为他们写的是真实的地方和真实的人）。然而，在更深的层次上，我认为他们的书之所以能提供对我们人生的真实描述，正是因为他们缺乏幻想，并关注消极的方面。他们并没有向我们展示某个宏大的真理（真理可能只存在于宗教人士心中），而是如实地叙述了加速文化中生活的方方面面。它们展示了不带幻想的、严肃的和消极的文学作品是如何不让人感到压抑和沮丧的。相反，这些作品可以具备启发性，因为它们强调了自我之外每一件事情的重要性。

我们该怎么做？

一个月至少要读一本小说。这个目标大多数人努力一下都能做到。我已经列举了一些推荐书目，也尽力解释了为什么村上春树、维勒贝克和克瑙斯高这样的作家的作品值得一读，因为他们提供了一种与励志书和人物传记完全不同的自我的概念。我们每个人都会受到所读内容的影响。如果有人选择的是传记和励志文学，那展现在他面前的理念就是，自我是内在的，是生活的真正焦点。他收获了一个有关发展的积极乐观的故事，并被邀请沐浴其中的荣耀。小说家提供了一种更为复杂，甚至是多神的世界观。我不能确定,如果我们用这些作者的作品(而非浩如烟海的励志文学作品)来诠释自己的生活会发生什么。但我猜想,我们将为这个世界描绘出一幅更精准的画像。小说家对社会和历史进程(维勒贝克)提供了一些复调的视角(村上春树),而且日常生活中的任何细节都不会因为其微小而不受关注(克瑙斯高)。

小说如何教会我们坚守本心?通过帮助我们找到该如何生活的外在意义或外部视角!至少,这就是颇具影响力的美国哲学家休伯特·德雷福斯和西恩·多兰所著《万物闪耀:在世俗时代过有价值的生活》一书的主题。正如该书的副书名所暗示的,作者想让我们通过阅读西方的经典著作去寻找活在一个世俗时代之中的价值——这是一个没有上帝的世界。[10] 德雷福斯和多兰讨论像戴维·福斯特·华莱士、荷马、但丁和赫尔曼·梅尔维尔这样的一些作家,他们的观点是鼓励向世界及其所能给予的一切敞开心扉。这是一项他们认为现代人类已经丧失的技能。他们认为,我们善于反省,专注于自己的内在经历,但不知道如何从周围的世界中找到价值。他们声称，经典著作有助于解决这个问题。与村上春树一样，这些作家提倡复调的甚至多神的视角，也倡导体现在梅尔维尔书中围绕白鲸之多神性的多元象征意义。（这听起来令人费解，但如果读过《白鲸》或德雷福斯和多兰的著作，可能就会了然于胸。）不同于一神哲学对外在表象与内在本质的严格区分（如自我的宗教中对真实的内在核心自我与外在面具的区别），在多神论中，外在表象之下并没有隐藏任何层次的现实。在如今这种耕耘于自我发展的文化中，这可能是一个极具影响力的想法。这让我想起了奥斯卡·王尔德，他在《道林·格雷的画像》(The Picture of Dorian Gray) 一书中提出，只有浅薄的人才不会以貌取人："世界真正的神秘性在于可见之物，而不在于看不见的东西。"[11] 我们经常听人说，我们的文化很肤浅，只看表面。如果德雷弗斯、凯利和王尔德是对的，那事实恰恰相反——我们不够肤浅，我们认为现实被隐瞒了。表面之下，内部没有任何东西，也毫无真诚可言。读到这里，如果已经遵循了本书七个步骤中的六个，这一点就应该是极其清晰的。

第七章

回顾过去

如果我们觉得现在很糟糕,就要想到事情总是能变得更糟,而且很有可能就会朝那个方向发展。还有一种倾向是,时间过去得越久,过去的事情在记忆中就显得越轻松、越愉悦。当有人提出创新计划和对未来的愿景时,告诉他们,过去的一切其实更好。向他们解释,"进步"的理念只有几百年的历史,而且实际上是具有破坏性的。练习重复自己。寻找那些已经落地生根的榜样人物。坚守不动如山的权利。

加速文化专注于当下,也关注未来,但绝对不会特别留心过去。像冥想和正念这一类新时代心理学的技术,竭力让我们更多地活在当下。在管理和组织的发展中,奥托·夏莫(《U型理论》的作者)的"自然流现"

（presencing）概念强调了关注当下正在发生之事的重要性。但与此同时，这种对当前时刻的高度警觉是为了在可能的将来提高我们的效能。为了明天的成功，我们不得不活在当下。商业咨询公司 Ankerhus 曾提到过夏莫和《U 型理论》：

> 我们无法用过去的办法来解决这个时代的根本问题。我们不能单凭重复过去的模式为组织和社会的问题创造出全新的、有创意的解决方案。我们需要一些新的东西，以便让我们（同时作为个人和集体）来到一片领域，在那里我们体验到了本真的自我，并学会认识到是什么让我们陷入过时的思维和行为模式。这种新的社会技术正是被夏莫称为"自然流现"的东西。
>
> 在穿越 U 型的旅途之中，我们学会以开放的精神、开放的心态和开放的意志面对未来，获取我们最佳的未来潜能。[1]

U型理论本质上是将正念施用于组织创新。其中传达的信息包括，回顾过去意味着我们只能困守于今天已失效的过时模式，以及只有活在当下我们才能体验"本真的自我"（我们已经知道，这是一种迷思），并会在将来实现我们的全部潜能。过去的就是过时的，当下才是最新的流行。关键是去优化未来。

如果有人厚着脸皮继续追问"当下"的拥趸，谁最能代表活在当下？答案自然就是动物，而非人类。回忆过去事件或将之前几代获得的知识传递给新一代，都不是动物需要肩负的认知能力。非人类的动物（也包括婴儿）都活在当下。人类的特别之处在于，我们有能力超越与当下的联系，并以一种独特的方式与过去相连接。为什么回顾过去会变得如此不合潮流呢？我的分析是，这种现象的出现与加速文化直接相关，因为根据定义，加速文化以未来为导向，并聚焦于不断产生新的想法，甚至有一些专门从事"未来研究"的公司、机构和顾问。这反映出来的理念是，为了能为将来的事情做好准备，并协助塑造未来，看清趋势是至关重要的。事实上，未来学家更关心的是创造未来,而不是研究未来。他们向客户推销一些理念和概念(如梦想社会、休闲社会、情感社会以及这些年被大力吹捧的其他玩意儿),让客户相信这些事物即将出现。预测之所以会成真,正是因为他们为此做好了准备(也为此付出了代价)。结果,我们发现自己又陷入了悖论——未来正在朝我们为未来所准备的方向被塑造着。比如,如果政治学家说我们需要经济改革,以便能在全球市场上与中国竞争,而我们所有人都接受这个观点,那么成为能与中国竞争的经济形态就是未来会发生的事情。政客们面对现状大呼"别无选择"——呼应了撒切尔夫人著名的口号"别无选择",如果大多数人都认同他们的观点,那么这将成为一种自我实现的预言。社会学的主要理论托马斯定理指出,"如果人们把情境界定为真实的,那么它们在结果上也就是真实的"。这就是未来研究,乃至我们对未来的集体性痴迷能够起作用的原因。将一个特定的趋势定义为真实的存在,意味着它将对未来(及在未来)产生真实的影响。

这种思维导致哲学家西蒙·克里奇利(在本书的第三章

中曾提到过）推断我们对未来的专注及认为进步永不灭的观念极具破坏性。他认为："我们应该尽可能地彻底放弃自己关于未来及崇尚进步的意识形态。'进步'这个观念只有几百年的历史，而且是一个非常糟糕的观念。我们越早摆脱它就越好。"[2] 我们应该用重复代替进步，要学会回顾过去。这是我们人性更准确的表达，反映了一种成熟的生活态度。然而，这并不容易。小孩子、青少年和动物都在看向未来（这是种本能），而人类的记忆更多的是向前看，而不是回顾过去。记忆提供了在新的和未知的环境中如何采取行动的基本原则，并非只是回忆过去的工具。[3] 但回忆也是成年人的特征。我们从过去和经历中学习如何过好现在的生活（后面还会讲到这点），并发展我们的文化。正如汤姆·麦卡锡在回应克里奇利的评论时说的那样："我们需要用重复来代替进步。那将会是一个更加健康的世界。想一想文艺复兴。复兴就意味着重生。他们所做的仅仅是说：'看看这些希腊人。太好了！'提到莎士比亚的戏剧，莎翁从未声称有什么新的东西，他正在改写奥维德的诗，或者直接用罗马元老院演讲中的内容。"只是在最近的几个世纪里，我们才开始察觉到新的事物和具未来导向的事物自身具有价值。事实上，过去的事物大多数都比现在的好。

我们创造了一种文化，可以为未来制定愿景、制订计划并展开研讨，正因为如此，我们太容易忘记过去的见解和成就。革新和创造这样的概念在关于组织和教育的各种论述中随处可见，但重复的重要性以及已经尝试和检验过的事物的价值，早已被遗忘。我们永远被告知要跳出框架思考。幸运的是，更为冷静的创造力研究人员指出，只有当我们知道存在框架（并知道它是由什么构成的）的时候，跳出框架去思考才有意义。在大多数情况下，也许更明智的做法是在框架的边缘保持平衡，只在边缘附近修修补补，经过反复测试后再伺机行动。[4] 新的事物只在已知事物的视野范围内才有意义。如果对过去的事情及其传统一点都不了解，我们就不可能创造出任何有用的新鲜事物。

过去对个人的重要性

当把这些问题与自己的生活放到一起考虑时,我们发现更加有理由少专注于未来,多想想过去。了解并能够沉浸于自己的过去是保持相对稳定的身份认同的先决条件,也是我们与他人道德关系的先决条件。如果我们想在道德层面上活得明白,那么了解如何反思自己的过去是非常重要的。马克·吐温说过,问心无愧的人只是比较健忘而已。承认自己过去的错误(并沉浸其中,当然,并不是要让这些错误恶化和折磨自己)有助于我们正确行事。除了历史上出现过的道德教育,在我们对自身的理解上,认为生活能延展到过去也很重要,在那里我们找到了自己身份认同的根源。在小说《天下骏马》(*All the Pretty Horses*)中,麦卡锡写道:"伤痕有一种力量,提醒着我们过去是真实的。"在朋友和恋人之间研究和比较伤痕是一种古老的做法,因为它们为过去发生的事件提供了明确的实物证据,并建立起过去和现在的联系。也许我们应该引入某一类活动,让同一组织的人在一起比较伤痕,学会回顾过去,而不是为未来制定愿景。

对于本书帮助人们坚守本心的雄心壮志,回顾过去也许是最重要的一步。了解自己的过去是坚守本心的先决条件,因为若是没有过去,就不存在任何东西值得去坚守。近年来,好几位哲学家对此进行了论证,包括前面提到过的查尔斯·泰勒,他认为只有当我们有一段可以寄怀的过去时,才有可能集中注意力于当下。当被要求回答诸如"你是谁?"和"你想要什么?"的问题(在治愈性发展的文化中,我们一直被鼓励这样做)时,我们最好能以更广泛的传记式视角,给出一个阐述我们生活和行为的答案,而不是像拍摄临时快照一样,停顿一下再去思索当下的感受。为了弄明白我们是谁，必须先知道我们从哪里来。法国哲学家保罗·利科在他的重磅著作《作为一个他者的自身》(*Oneself as Another*)中试图表明，人们若是能够与自己的一生关联成一个整体，或者是某种按时间顺序串起来的连续体（最好能像一个故事或一段连贯的叙述那样被理解），才是严格意义上的道德高尚。他反问道："如果人的一生不能以某种方式被整合到一起，任何一个行动的主体又如何才能真正将道德品格赋予作为一个完整生命体的他或她自身呢？如果不是一个叙事的形态，赋予道德品性的事件又如何能发生呢？"[5]

为什么"作为一个完整生命体"是道德或伦理（现在这个语境中二者是同义词）的先决条件？因为利科认为，如果其他人不能确定明天的我和今天的我或者昨天的我是同一个人，那么他们就没有理由信任我，也没有理由相信我会践行自己的承诺、履行自己的义务。而且，如果我不了解自己的过去，不努力将昨天、今天和明天联系到一起，那么其他人就没有理由信任我。如果我没有利科所称的"自我恒常"（self-constancy），那么无论是我还是别人，都无法指望我。自我恒常（个人节操或身份认同）是人与人之间信任的基本前提，因此也是道德生活的基本前提。如能确信自己随着时间的推移还是同一个人（因为我们或多或少都有连贯的自我身份认同），我们便能对未来做出承诺并致力于共同行动。我们之所以能拥有这些，是因为我们能够把生活看成一个单一的叙事故事——一个从出生延续到死亡的故事。因此，我们必须学会争取做到面向过去的自我恒常，而不是面向未来的自我发展。我们很多人都知道，有一些人突然"发现了自我"，与家人和朋友断绝了联系，只是为了在一个新的环境中或者世界的另一端去实现自我。当然，一个人生命历程的突然转变可能是出于某些合理的原因（比如，终于得以摆脱一段虐待关系）。然而，如果这样做的动机仅仅是"自我实现"，那么这可能是一个道德上值得怀疑的行为。如果自我要从我们自己与他人具有约束力的关系中以及这种关系特有的重要道德事项中找到（例如，如果自我不是一个从内部就可以实现的事物），那么，真正的自我实现就应是与他人在伦理上发生交互的结果。

也许这一论点甚至可以被推向这样一种极致,只有自我恒常的人内心才会感到愧疚,并能保持道义(正好呼应了马克·吐温的话,问心无愧的人只是比较健忘而已)。愧疚感和承诺的观念之间有一种内在的联系——两者都是人类的基本现象。如果我们没有能力做出承诺,那么婚姻或其他基于忠诚的长期关系(甚至可能是"直到死亡将我们分开"的誓词)就是不可信的,人们也不可能就货物或财产达成任何协议或签订合同("我答应明天付款")。日常生活更无法正常运转,因为它建立在不断地承诺之上("我来洗碗")——有大事有小事,有明确的,也有隐含的。若是没有做出承诺并履行承诺的基本能力,人类的社区或整个人类社会将无法延续。许下承诺就是表明我们愿意"为确保自己所说的能够实现"而负责任。如果最后没能做到,内疚感就会提醒我们失败了。内疚和责备是对失信的心理反应,要求对过去的罪行留下记忆。而如果我们忘记了自己的过去,就不会感到内疚,也就不会依道德行事。

我们在这里提到了一些最基本的内容,因此可能一时难以理解。我们习惯于认为"我们是谁"的答案基本上是由内在的自我或一系列固有个性特征所决定的。相反，如果我的想法是正确的，"我们是谁"应该是由我们对他人的承诺和义务所决定的。履行我们的义务不该只是一个负担，而是生活重要之事的一种表现，基本上就是"我们是谁"。因此，回顾过去是很重要的。但这也是一个必须要模糊化的过程。我们的过去（不管是个人的，还是文化上的）并不是一个现成的故事，我们没办法一下子全盘接受。我们不可避免地交织在事件和关系当中，这意味着我们并不总是理解它们。然而，将我们的过去、现在和未来联系起来是至关重要的（尤其是在道德层面上），而不能仅仅满足于"完全活在当下"。这也是（自传体的）传记对一个人生活的描述如此贫乏的原因。正如我们在前一步中所看到的，对于描绘现实生活中所有令人耳晕目眩的复杂性来说，自传是一种过于线性和个人主义的文学体裁。回顾过去可以让我们深入了解自己生活的复杂性，以及生活是如何与各种社会进程、历史进程相互交织的。

我们该怎么做？

如果你现在已经了解了回顾过去的价值，那么我们可以做两件事。其一是找到被过去决定的现存社区。个人很难做一些违背时代精神的事情，所以找到志同道合的人可能会对我们很有帮助。如果确实找不到其他人，就得自己单独去做，但要相信，很快就会有人加入。

正如个人只能通过自己的过去了解自己（以及过去是如何与大量的关系和义务交织在一起的）一样，一个社区（或至少是这个社区的成员）也是通过了解自己的过去来塑造自己的。这并不意味着一个家庭或一个组织必须与其所在的社区或其历史特征完全一致（其实也很少会这样），但社区成员之间必须存在哪怕最低程度的共识。哲学家阿拉斯代尔·麦金泰尔发展出了"活的传统"（living traditions）的概念，他认为传统完全有别于共识及对过去的简单重复。他将"活的传统"定义为"一个延伸到历史的、体现到社会的论点，一个关于构成传统之组成部分的论点"。[6] 把传统定义为一种随着时间推移而变动的"论点"似乎很奇怪，但是这表明，任何传统（如政治合作、教育实践或艺术活动）都必须涉及对它本身是什么，以及如何使它合法化或如何改变它的持续讨论。传统并不是浑然一体的，也不是一成不变的（当然，除了那些已经死去的传统）。传统是活的、动态的、不断改变的。

只有当我们参与家庭生活、教育、工作、艺术、体育等方面的传统时，我们才成为人。只有当我们了解自己最初的传统和我们正在生活其中的传统之后，我们才能了解我们自己。这听上去像是老调重弹，但我们在对未来的热盼中常常忽略了一点，即失去了传统及其相应的历史，所有事物也都失去了价值和意义。任何一种行为或一种文化产物的意义和重要性都可以从历史上出现过的实践活动中找到样本。所以只有回顾过去，才能明白我们自身也同样是一个文化和历史的存在或者个体。为了理解这一点，我们必须回顾过去。只有这样，我们才能做到坚守本心。

斯多葛学派的塞涅卡认为，那些忙忙碌碌的人不考虑过去，他曾写道："杂务缠身者只关注现在，而现在的时光是如此短促，根本抓不住，甚至在他们沉溺于各种娱乐活动时就被窃取了。"如果一个人看到什么都想拥有，那他就没有值得坚守的事物。塞涅卡还说："这是一种平静的、没有任何烦扰的心境，它可以徜徉于生命的每个阶段，而那些杂务缠身者的心，就像套上了马轭，不能回头看。所以他们的生命消失于无底深渊。"他宣称过去的好处在于："日子过去，却可以全部出现在你的脑海里。你可以任意扣留它们、审视它们，而那些沉迷杂务的人是无暇这样做的。"[7]

因此，回顾自己的过去是很重要的，也要回顾自己融入的文化的过去。如果我们能践行"活的传统"，那就更好了。比如，如果我们学过一门手艺或一种乐器，就会知道事实可能真的就是如此。因为这些特定的实践活动都有很长的历史，每当我们重新展现它们中任何一个部分，其实都是在助力于它们的保护和发展。践行"活的传统"是为了提醒我们生活的历史深度。这样，我们就会明白，所有事情不一定总是向前发展的。例如，如今造出来的小提琴根本就比不上斯特拉季瓦里乌斯家乐器作坊在三百多年前的作品。我们如今不仅无法造出如此精巧的乐器，而且也很难造出任何可以保存那么长时间，甚至随着时间推移会变得更好的物品。我们对未来的关注是短视的，往往局限于自己的一生。如果我们有幸能手握一把斯特拉季瓦里乌斯的小提琴，一定要想一想制作出这把琴的乐器大师和几个世纪以来用这把琴演奏过的诸多天才音乐家。诚然，我在这里引用的例子简直俗不可耐，然而一旦把这种精良的艺术品与当今大规模生产的平庸之物做比较，很难不这么想。

如果运气不好，无法接触到这种"活的传统"和对艺术或音乐充满热情的社区，也还是有一些方法。正如我在本章前面所说，练习重复我们自己，寻找已经扎根的模范榜样，坚持坚守本心的权利。在与倾注热情于未来的亲朋好友交谈的时候，坚持认为过去一切都更好是一件很有趣的事。当然，这并不完全正确，但它对极端相反的信条可以起到一定程度的纠正作用，并非新的就必然是好的。或者我们可以单纯地"下载"此刻需要的任何东西，而无需任何对过去的欣赏。重复和传统有着巨大的价值，而创新则会引发严重的问题。然而，冒着把读者弄得更迷惑的风险，我想进一步补充一点：任何重复其实都是创新性的。比如，我在教学或发表演讲的时候就常常重复自己。但是每一次讲话都是独一无二的事件，有其特定的场合和环境。如果你是两个孩子的父亲或者母亲，你对第三个孩子降生的反应不会是"天哪，又来了一个"。在某种意义上，生育更多的子女就是我们在重复自己。但是每次的重复（诞生新的子女）都是独一无二的，需要同样多的照顾和关心，并要求我们对其特定的个性的需求做出适当的反应。养育子女就是一项活着的传统。好的父母（也许指的就是我们自己的父母）就是坚定扎根的活生生的榜样。没有比对自己承担的义务（比如自己的孩子）更重要的约束关系了。说到对他人的责任，稳定比灵活更重要。

最后的一些想法

完成了本书中的七步，我们就能够做出更充分的准备，以抵挡现代文化中如此流行的对狂热发展的需求。我们现在已经接触到了大量能解释当今文化方方面面的概念，而当今这个文化让许多人隐隐约约地感到了一些不安和不适。希望我们能够与加速文化保持批判性的距离。如今的加速文化比以往更加迅猛，而其中的代表人物既没有依托，也相对缺乏责任和担当。换言之，有人就是要优先选择流动性，而不是稳定性。这样的个体比以往任何时候都需要对自身的命运和人生的成功负责。强大的个体是符合理想的。在工作场所和私人生活（包括爱情生活）中，那些了解自己的人总是把自身（以及自我的概念）置于中心位置，把握自己的心中所想，并运用个人技巧和情感技巧来实现自己的目标。他们只能靠自己找到生活的方向，并用自己的方式来衡量事业的成功程度，因为所有的答案都来自他们的内心。这正是治疗、培训和咨询的繁荣市场出现的原因，旨在让人们更好地反省、向上和实现自我。一整套的自我发展技术已经在各个社会领域被制度化，包括绩效和发展的评估以及个人发展课程，更不用说还催生了整个励志行业。

希望这本书不仅能为大家提供一种工具，让我们理解当前的趋势并表达自己的不适，还能帮助我们坚守本心，而不是无休止地追求自我提升。我们已经学会了不少有意义的事情——减少花在内省上的时间，更多地关注生活中的消极方面，给自己戴上"不"的帽子，抑制自己的情感，解雇自己的培训师（和其他自我发展大师），用小说代替励志书，以及专注于过去而不是未来。我很清楚，在竭力对抗强制性发展的趋势中，我描绘出了一幅相当消极的图景。事实上，我的替代观点很容易被人曲解，自我、内在的情感生活、真诚、"是"的帽子和自我发展这些元素很容易胜出。我只是希望能以这种方式表达一个对立的观点，指明加速文化及其流传甚广的智慧的荒谬之处。永恒地流动、积极和专注于未来，以及将自我置于生活中一切事物的正中心，这些观点都是荒谬的。不仅荒谬，而且对人际关系也会造成不良的影响，因为我们本该对他人负有道德上的义务，但他人在人际交往中很快沦为个人追求成功的手段，而不再是交往的目的本身。但我愿意承认，如果我们总是消极，总是戴着"不"的帽子，总是压抑自己的情感，那同样也是荒谬的。

本质上说，我的观点是非常务实的，没有任何事物总是百分之百好的。除了那些泛指的、不言而喻的和相当抽象的理念（例如关于履行自己职责的理念[8]），凡涉及伦理观念或人生哲学，可能就不存在什么绝对的真理。这正是实用主义的精髓：思想是为解决生活的问题而发展出来的工具。如果问题变了，用于解决问题的知识工具也必须一同改变。[9]这本书的出发点之一在于，过去的半个世纪里，与生活有关的问题已经变了。过去的基本问题是生活太过于死板，人们对稳定性的赞誉胜过了流动性。而如今，生活又太过于灵活了。在第四步中，我讨论了过去存在的禁止文化（其伦理道德以一套人绝对不能违反的规定为中心）和当代的命令文化（对发展、适应性和灵活性存在最低程度的日常要求）之间的差异。之前，我们的问题是想要的太多了。如今，在一个持续要求我们做得越来越多的社会里，我们能做的永远都不够。

经济学家和环保主义者经常讨论是否存在"增长的极限"。这同样也适用于人类的问题和心理问题。增长和发展对人的益处是否也有上限？我的回答是肯定的。在我看来，本书提出的否定论，及其对与发展和积极性相关的一切事物的对立关系，在一个发展理念无所不在、毫无节制的年代是合乎情理的。最重要的是，我希望通过这本书，让人们明白，怀疑在当代社会中是一项合理且不可或缺的美德。要去怀疑，自我是否能够且应该成为生活的焦点；要去怀疑，（自我）发展本身是不是好的；要去怀疑，流行的意识形态是否对人们有益。

当然，如果我们同意怀疑确实是一项美德，那么它必然同样适用于本书给出的所有建议。我这里要保留的一个怀疑就是，本书所倾向的否定论是不是实际上默认了它声称要反对的一个前提——利己主义。劝诫人们采用这个七步指南，岂不是会加重个人已肩负的重担？这是一个合理的担忧，但我希望，通过扭转自我发展狂躁症的逻辑，本书将会凸显其荒谬之处。可以确定的是，单凭积极或消极地思考并不能解决这个星球面对的重大问题。我确实认为，面对失控的消费主义和强制性发展，斯多葛式的反思就像是一剂醒脑的良药。然而，做一个医学上的类比，这只能缓解症状。如果我们要治愈当今的重大疾病（如全球环境危机和经济危机）以及与之相关的增长范式，就需要其他类型的讨论和行动（政治的、经济的，等等）。我希望这本书作为那个更大讨论中的一小部分，能对我们有所助益。

附录　斯多葛主义

本书中反复提到了古罗马的斯多葛学派。有几处地方，我强调我的观点的主要例证就是出自马可·奥勒留、爱比克泰德和塞涅卡清晰易懂的斯多葛主义思想。我希望读者能理解，我对于斯多葛主义（无论我多么敬佩这些哲学家）的态度是极为实用主义的。换句话说，我认为探究斯多葛主义是否为绝对意义上的真理（普遍适用于任何时候和任何地方）是徒劳，我们更应该思考的是，它是否有助于解决我们在这个时代面临的问题。作为"反励志哲学"，我认为斯多葛主义绝对是有益的，部分原因在于它强调自我控制、责任心、节操、尊严、心态平和以及愿意去接受（而不是发现）自己。它的实用之处还在于，有一些斯多葛派学者极为在意让自己的哲学观点成为人们日常生活的一部分，比如本书中提到的那些技巧，包括消极观想（想到会失去我们所拥有的东西）和投射观想（通过想象自己的经历发生在他人身上而获得的视角及体验，即推己及人）等。斯多葛学派极为重视理性，他们认为，人生最深层次的快乐来自泰然直面那些无可避免之事，尤其是面对生命之有限，以及我们都会死去这一事实。

从根本上说，人类是脆弱的，没有一个人是可以自给自足的强大个体。我们刚出生时是柔弱的婴儿，我们也常常会生病，会变老，可能有一天会无依无靠，最终我们都会死去。这些都是我们要面对的人生基本现实。然而，许多西方哲学和伦理都是建立在坚强、自立的个体观念之上，其代价便是忽视了我们自身的脆弱。斯多葛主义的出发点在于"不忘人终有一死"，并结合了社会倾向和责任意识。我们是脆弱的凡人，我们是这些事物的结合体。这种认识应该可以唤起我们的团结意识，并鼓励我们去关心自己的同胞。希望本书的七步指南能有助于我们履行自己的职责。生活不应只是琐碎的追求或青春期的自我认同危机（尽管这在人生的某一阶段可能是恰当的），而是要尽到自己的责任。斯多葛主义之所以有用（比我知道的任何其他哲学学派都有用），是因为现实应用正是其极为核心的组成部分。这本书可能激起了某些读者的求知欲，让他们希望能更多地了解斯多葛主义背后的思想，所以我最后简要介绍一些有代表性的斯多葛派学者和他们的思想。

古希腊的斯多葛学派

古罗马的斯多葛学派可能更为人所知,它就是严格意义上所指的斯多葛学派,但实际上,斯多葛学派诞生于古希腊,是彼时百家争鸣的众多哲学流派中的一个。这些哲学流派中,每一个学派都与柏拉图和亚里士多德所缔造的基本体系有着千丝万缕的联系,它们各自以不同的形式升华了这两位哲学奠基人倡导的诸多思想,并将之转化为实用的人生哲理。公认的首位斯多葛派学者是季蒂昂的芝诺。在遭遇了一次海难之后,他从塞浦路斯来到了雅典,又碰巧遇到了底比斯的克拉特斯,而克拉特斯正是犬儒学派的成员。那时的"犬儒主义"(Cynicism)与今天有着迥然不同的含义。在古希腊，犬儒主义者一心想解放自身对物质世界的依赖，摆脱物质世界中一切的奢华和社会地位的象征物。他们居无定所，处在贫穷和禁欲的自我放逐之中。最著名的犬儒主义者是锡诺普的第欧根尼，他就住在一个桶里，完全不在意平常的习俗和抱负。

芝诺成了克拉特斯的学生，但他对理论观点的兴趣越来越浓，而不是犬儒学派相当极端的苦行实践。他将斯多葛主义的最初形态打造成一种理论和实践相结合的哲学。斯多葛学派一词来自古希腊语"stoikos"（意为"廊苑"），因为斯多葛派的学者在雅典城内一个叫作"Stoa poikile"的地方集会、授业，而"Stoa poikile"字面上的意思就是"带彩绘的门廊"。由此看来，斯多葛主义得名于雅典城内的一处地方，它的本源出自犬儒学派的禁欲主义理念，但对其做了修正。芝诺以及后来的斯多葛派学者并没有放弃生活中的美好事物，他们只是点明了我们要为有一天失去它们做好准备的意义。他们的理念是，美食和舒适的居所本身是没有过错的，只要我们不过分依赖这些事物。芝诺还把实用的哲学，包括伦理学，关联到了更多理论性和科学性的学科，比如逻辑学和物理学（在那个年代更接近于宇宙观）。这凸显了斯多葛主义关注作为理性存在的人类。换句话说，作为具有驱动力和本能的生命，人类能够遵照理性行事，比如认为只要值得，就会淡化自己的欲望并约束自己的本能。为了获得美好的生活，这样做往往是明智的。芝诺时期的斯多葛学派（以及后来的斯多葛派学者）的终极目标就是美好的生活。然而，"美好的生活"一词在那时有不同的含义。今天，提到美好的生活，通常会让人们联想到某种形式的享乐主义、某种关乎欲望的哲学，或者某一类积极又刺激的多元化生活体验。对于古希腊的斯多葛派学者来说，美好的生活（古希腊语为"eudaimonia"）特指遵循伦理规范过着品德高尚的生活。只有按这样的方式生活，人才能实现真正意义上的繁盛，才能认识到自己的人性。

对于斯多葛派学者来说，"美德"与性观念无关（不像现在，人们会对"贤惠的女人"这类封建词汇进行大肆宣扬）。美德包括使人们能够与自己的本性和谐相处的特质。由此可见，美德的概念可以被用到所有生命的身上，甚至也可以应用到一切有功能的物体上。刀的最大功能就是切割物体，所以能切割得很好的刀就是一把好刀。心脏的功能是为整个身体供血，所以能正常跳动的心脏就是一颗好心脏。同样，如果能依照自己的本性做事，我们就是一个好人。但本性又是什么呢？这一点上，斯多葛学派继承了柏拉图和亚里士多德的思想，明确人类的本性就是运用我们的理性。人类的思想是基于这样一种信念，即没有任何其他生物能像人类一样具备理性。我们能思考，能讲话，能够进行逻辑推理，能为社会交往制定原则（法律）。这使得我们与自身的生理冲动保持界限，并在一定程度上抑制这种冲动。据我所知，没有其他动物能做到这一点。事实上，也不是所有人都具有同等的能力。然而，通过修行，我们可以掌控自己的欲望，甚至可以达到斯多葛派贤人的程度，成为他人的榜样。斯多葛学派将运用理性的能力视为履行责任的前提，因为理性可以让我们在任何特定情况下都更清楚地确定在道德上正确的行动方式。我们不会被自我本位的情绪或本能蒙蔽双眼。因此,理性既是理论性的(如用在逻辑学或天文学等学科之上),又是实践性的(如面向个人和集体的美好生活)。人类是理性的动物(亚里士多德称之为"*zoon politikon*"),也就是说,社会性生物能够建立一个理性的社会秩序,特别是通过立法的形式。

芝诺死后,克里安西斯成为斯多葛学派的领袖。后来的继承者是更著名的克利西波斯。克利西波斯做出了很大贡献,他让斯多葛主义成为一种受欢迎的人生哲学。在他死之后,斯多葛学派思想也传到了罗马(大约在公元前140年),罗德岛的巴内修斯创立了古罗马的斯多葛学派,并与罗马的一些名人结交为友,如小西庇阿。作为一门哲学,斯多葛主义的一个独特之处在于,它非常受上层社会的青睐。这一点在古罗马著名的哲学家皇帝马可·奥勒留的身上表现得尤为显著。斯多葛主义传入罗马之初,希腊人强调美德的重要性,而心态平和被放到了次要的位置上。古罗马的斯多葛学派也专注于美德,呼吁人们尽自己的责任,但他们认为心态平和是做到这些的先决条件。没有平和的心态,就没法履行自己的职责,因此这被视为通往美德之路的进身之阶。

斯多葛主义从希腊化到罗马化的转变,部分原因是人们对逻辑学和物理学的兴趣变淡。希腊的斯多葛学派认为世界是一个统一的整体,只有一个宇宙。在哲学上,他们是一元论者,也就是说,他们相信万物基本上都是由同一类物质构成的。这同样也适用于精神状态(考虑到灵魂的本质)。在这方面,斯多葛主义倒是与现代科学相一致,二者都摒弃了世上存在本质不同的物质(比如灵魂与肉体)的观念,尽管在这一点上,斯多葛学派的思想有时候会表现得模棱两可。另一方面,现代科学(我指的是从伽利略等人身处的17世纪初到后来的牛顿时期开始出现的科学世界观)对斯多葛主义提出了其他的挑战,尤其是斯多葛主义坚信人类有一个出于人性本身的目标。现代的机械自然科学排斥古希腊人关于人性之目标、意义和价值的理念,相反,大自然被视为一个机械系统,它的运转依照自然法则中特定的因果原则。正如伽利略的名言:"自然界的书是用数学的语言写成的。"说到目标、意义和价值,人性自身并不具备这类特质,它们纯粹是在心理层面的投影。在当前的背景中，我们无法更深入地探讨这一问题，这让我们发现，自然科学的突破——引用社会学家马克斯·韦伯的名言——导致"祛魅"世界，但又"返魅"了人类的思想。正是这个原因，在现代，我们应该寻求人生最本质的一面，即伦理和价值。然而，这也会付出代价（这些方面都是主观的，更侧重于心理层面，所以会导致我们产生看重自己内在之物和自我的宗教的想法），我在本书中已经探讨过。"外部世界"是一个纯粹的机械系统，当它无法解答人生重大问题之时，人们就不得不神化自己的"内部世界"。

斯多葛主义给了我们一个"返魅"整个世界（而非只是神秘的"内在世界"）的机会，同样消除了我们对从自己内心疯狂地寻找答案的需求。当然，我们不能照搬两千五百年前从古希腊发展起来的宇宙观。我们需要发掘出自己的理解，解决如何从"外部"为人类指明前进方向的问题。本书的中心思想（在这个层面上，它与斯多葛主义是一致的）是，通过观察我们参与的传统、社会实践和关系，以及由此产生的责任，我们也许会再次有能力解决关于生命的意义和价值的问题。然而，这要求我们放弃对内心和自我发展的绝望式关注，代之以更恰当、更有意义的方式重新联结我们生活中的现存关系。通过这样的反思，我们也许能够完成使命，以更平和的心态过上更加高尚的生活（从斯多葛学派的角度看），甚至对"各安天命"感到安心。

回到斯多葛主义，它到了罗马之后，发生了怎样的变化呢？

古罗马的斯多葛学派

大多数哲学家和思想史学家都认为塞涅卡、爱比克泰德和马可·奥勒留是古罗马斯多葛学派的关键人物。塞涅卡也许是其中最优秀的一位作者。大约在公元前4年，他出生于西班牙的科尔多瓦，后来成了一名非常成功的罗马商人，还担任过罗马元老院的元老。他的富有或许有助于解释他为何被任命为尼禄皇帝的顾问。公元41年，在发生了一场那个年代并不罕见的政治阴谋后，由于受到与时任罗马帝国皇帝克劳狄乌斯的侄女通奸的指控（可能是诬告），塞涅卡被流放到科西嘉岛，他的财产也被没收了。在科西嘉，塞涅卡有时间沉浸于哲学之中，并演绎出了他的斯多葛派思想。八年后，他被赦免，返回了罗马城，在那里他成为尼禄的老师，后来又被升为顾问。塞涅卡在公元65年被尼禄下令自尽（因为尼禄认为塞涅卡在密谋反对他）。塞涅卡的死亡可能是除了苏格拉底之死之外哲学史上最神秘的事件。据说他先是割腕，后来又饮下了毒药，但还是没死成。最后，他的朋友把他送入了蒸汽室，他在那里窒息而亡，终于得以解脱尘世的磨难。

塞涅卡的著作（我在本书中引用过好几次）都是极为实用的，而且一针见血，其中大部分都是给朋友和熟人的信札，为他们提供了关于如何生活的建议和指导，而且几乎每一篇都会强调生命的短暂。如果让一位现代的读者询问塞涅卡如何从自己短暂的一生中得到最大的收获，答案不会是尽可能多地去体验，而是心态平和且让自己的负面情绪得到控制，安然地过一生。塞涅卡的作品反映了通向人性的一种方式，这不禁让人想到几乎同时代的拿撒勒人耶稣所传道的人性。因此，他的思想经常被拿来与基督教的教义做比较，也就不足为奇了。例如，塞涅卡写道："为了避免对个人的愤怒，你必须原谅整个群体，也必须宽恕整个人类。"

爱比克泰德大约出生于公元55年。他一出生就是个奴隶。他有一任主人是皇帝的秘书官，因此很可能在那个时候接触到了藏于宫廷的知识。在尼禄死后，他获得了自由。这在受过教育的聪明奴隶之中并不罕见。他离开了罗马，在希腊西部的尼科波利斯开办了自己的哲学学院。据欧文所说，爱比克泰德希望他的学生们在离开学院后感觉很不舒适，就好像他们看了医生之后得到了坏消息。进入斯多葛学派思想的大门并学习反思生命之短暂，可不是一件轻松的事情。与塞涅卡一样，爱比克泰德关于人生哲学的著作也非常实用。在书中，他具体描述了各式各样的情况——从受到侮辱到不称职的奴隶，并就如何应对这些问题给出了建议。与其他斯多葛学派的学者一样，他主张即使在逆境之中也要保持平和的心态和尊严。这可以通过努力过上一种基于理性的生活来实现，理性就是人性的基本要素。比如，爱比克泰德用理性来区分什么是可以控制的，什么是不可以控制的。从本质上说，我们应该为无法控制的事情做好准备（如天气、经济波动、死亡），担忧或害怕这些都是在浪费时间。我们应该训练自己对能把握的事情采用积极的方式（例如，成为一个更慷慨的人）。区分两者所需要的只是一点点的理性。

马可·奥勒留被称为哲学家皇帝。他从小就对哲学和知识性的事物很感兴趣。他在成年后保留了这些兴趣，并经常花时间用于思考和写作，甚至在罗马帝国偏远地区征战期间也是如此。马可是古罗马历史上最仁慈的皇帝之一，也可以说是最好的。与其他大多数皇帝不同的是，他对个人利益不感兴趣，在政治上采取了节俭的姿态，比如很少资助战争。他宁愿变卖帝国的财产，也不愿意加税。古罗马历史学家卡西乌斯·狄奥写道，马可自从政之初（他一开始是皇帝安东尼·庇护的顾问，直到后者去世）就始终如一，一点都没有改变。换言之，他坚守着自己的节操，一贯以自己的善恶观为基准来把控人生。他在公元180年因病去世，罗马的公民和士兵都为他的死深感悲痛。然而，他的生死并没有引发人们对斯多葛主义哲学的巨大热潮，因为他在很大程度上并未公开布道自己的人生哲学。他最著名的作品《沉思录》，原名叫作"给自己"，实际上是一本私人日记，并且是在他去世之后才公开出版的。

另外还有一位值得一提的罗马人，尽管他不是严格意义上的斯多葛派学者。西塞罗在拉丁语文学史和思想史上有着无法忽视的地位。他是一位政治家，参与了围绕恺撒大帝之死的一系列暴力事件。后来反对马克·安东尼的行动让他付出了生命。西塞罗在他的书信和其他文字中，称斯多葛学派为"盟友"，并引用苏格拉底的说法"哲学是一种对死亡的练习"。西塞罗提倡美好的生活和美好的死亡，他也关注公共利益。《论责任》也许算得上他的代表作。在这本书中，基于亚里士多德"人是理性的政治动物"这一概念，西塞罗提出了这样一个问题：什么职责与人类特别相关？如果有人想更深入地了解一些历史上的政治佳作，我推荐《论安生与安死》(*On Living and Dying Well*)。这是一本西塞罗的书信和演讲合集，其中谈到的主题包括对死亡的恐惧、友谊和责任。

在现代，哲学史家皮埃尔·阿多对于斯多葛主义作为一种实践哲学写下了最有见地的分析之一。他试图归纳诸多不同形式的斯多葛学派的主要思想，并最终得到了四个关键要点：(1)斯多葛主义意识到孤独并不存在，一切都是一个更大整体（宇宙）中的一部分；(2)所有的恶都是道德上的恶，因此纯净的道德意识是重要的；(3)对人之绝对价值的信仰（从中产生了人权的观念）；(4)对当下的关注（就像第一次和最后一次看到这个世界一样生活）。阿多的这四点也有助于解释这本书对斯多葛主义的选择性应用。在许多方面，前三点囊括了本书的人性观，重点在于人类是具有内在价值的关系性和道德性生物。另外，我不但没有使用，而且间接地批评了斯多葛主义强调的当下的重要性。我认为人类并非主要活在当下，而是活在一个广泛而连续的时间结构之中。这种对现在时刻的关注，以及对个人力量能决定自己将如何受到正在发生之事影响的关注，非常类似于当前的自我发展浪潮（"你可以选择现在就快乐！"）。在我看来，这让人在他如何应对世界的问题上承担了过于重大的责任。我相信，我们无法自由地选择自己将如何受到当下的影响。在某种程度上，这只是一个斯多葛式的理想，我认为斯多葛主义应该在这一核心点上被质疑。相比斯多葛主义者能够承认的程度，我们更柔弱不堪。事实上，认可这一点能成为人们之间团结的源泉。

本书并没有为斯多葛主义哲学进行不加批判的辩护。我相信，有人发现了强制性发展的浪潮及其为发展自身带来的无脑狂热所产生的破坏性作用，让他们同时感到欣喜的是，早在两千多年前思想家就已经发展出了一套效果显著且思想深刻的哲学，能够教会我们如何坚守本心。觉察到这一点和类似的传统的存在，就能让我们更好地为加速文化中的生活做好准备。我们将从这样一个事实中得到安慰——追求无休止的积极性、自我发展和真实存在替代物，即强调关于人类最美好的事物是我们的责任心、平和的心态和尊严。我相信，许多斯多葛人文主义观点应该在二十一世纪再次苏醒，如今的我们比以往任何时候都更需要学会坚守本心。

注释

前言 快节奏的生活

1. This metaphor was introduced by the sociologist Zygmunt Bauman. See his book *Liquid Modernity* (Polity, 2000) and numerous later works that analyse love, fear, culture and life itself in the light of the 'liquidity' concept.
2. I analysed this in the article 'Identity as Self-interpretation', *Theory & Psychology*, 18 (2008), pp. 405–23.
3. This is demonstrated by the sociologist Hartmut Rosa in the books *Alienation and Acceleration: Towards a Critical Theory of Late-Modern Temporality* (NSU Press, 2010) and *Social Acceleration: A New Theory of Modernity* (Columbia University Press, 2015).
4. Anders Petersen has described this many times, e.g. in the article 'Authentic Self-realization and Depression', *International Sociology*, 26 (2011), pp. 5–24.
5. Anthony Giddens introduced the concept of the pure relationship, e.g. in *Modernity and Self-identity: Self and Society in the Late Modern Age* (Routledge, 1996).
6. This theme is addressed in depth in *Det diagnosticeredeliv–sygdom uden gærser* (The Diagnosed Life: Illness Without Borders), which I edited (Klim, 2010).
7. See Zygmunt Bauman's *Liquid Times: Living in an Age of Uncertainty* (Polity

Press, 2007), p. 84.
8. See their book *The Wellness Syndrome* (Polity Press, 2015).
9. For an accessible introduction that stresses the practical side of Stoicism, see William B. Irvine's *A Guide tothe Good Life: The Ancient Art of Stoic Joy* (Oxford University Press, 2009).

第一章 停止省视内心

1. http://www.telegraph.co.uk/finance/businessclub/management-advice/10874799/Gut-feeling-still-king-in-businessdecisions.html
2. http://www.femina.dk/sundhed/selvudvikling/5-trin-tilfinde-din-mavefornemmelse
3. See Philip Cushman's article 'Why the Self is Empty', *American Psychologist*, 45 (1990), pp. 599–611.
4. Søren Kierkegaard, *Either/Or*, Part II (Gyldendals Book Club, 1995), p. 173.
5. Analysed by Dr Arthur Barsky in the article 'The Paradox of Health', *New England Journal of Medicine*, 318 (1988), pp. 414–18.
6. See http://www.information.dk/498463
7. Honneth posits this in several works, including the article 'Organized Self-realization', *European Journal of Social Theory*, 7 (2004), pp. 463–78.
8. For an analysis of this trend, see Luc Boltanski and Eve Chiapello, *The New Spirit of Capitalism* (Verso, 2005).
9. Richard Sennett has demonstrated this in several books. Best known is *The Corrosion of Character: The Personal Consequences of Work in the New Capitalism* (W. W. Norton & Company, 1998). The paradox-generating nature of late capitalism is analysed by Martin Hartmann and Axel Honneth in the article 'Paradoxes of Capitalism', *Constellations*, 13 (2006), pp. 41–58.
10. Jean-Jacques Rousseau, *Confessions* (1782).
11. Irvine, *A Guide to the Good Life*, see especially chapter 7.

第二章 注重生命中消极的方面

1. E.g. in the article 'The Tyranny of the Positive Attitude in America: Observation and Speculation', *Journal of Clinical Psychology*, 58 (2002), pp. 965–92.
2. This has been noticed–and criticised–e.g. by Barbara Ehrenreich in the book *Bright-sided: How the Relentless Promotion of Positive Thinking has Undermined America* (Metropolitan Books, 2009).
3. See his interesting post at http://www.madin america. com/2013/12/10-ways-mental-health-professionals-increasemisery-suffering-people
4. I dealt with positive psychology in far greater detail in the chapter 'Den positive psykologis filosofi: Historik og kritik' (The Philosophy of Positive Psychology: History and Criticism) in the book *Positiv psykologi–en introduktion til videnskaben om velvære og optimale processer* (Positive Psychology: An Introduction to the Science of Well-being and Optimal Processes), edited by Simon Nørby and Anders Myszak (Hans Reitzels, 2008). Seligman's most famous book is *Authentic Happiness* (2002).
5. See Rasmus Willig, *Kritikkens U-vending* (The U-turn of Critique) (Hans Reitzels, 2013).
6. 6 The article in *Berlingske Tidende* is available online (in Danish) at: http://www.b.dk/personlig-udvikling/positivpsykologi-er-ikke-altid-lykken
7. Translated from http://www.lederweb.dk/Personale/Medarbejdersamtaler-MUS/Artikel/79932/Vardsattende-medarbejderudviklingssamtaler
8. Barbara Held, *Stop Smiling, Start Kvetching* (St Martin's Griffin, 2001).
9. The quotation is translated from Irene Oestrich's selfhelp book *Bedre selvværd: 10 trin til at styrke din indre GPS* (Better Self-esteem: 10 Steps to Strengthen your Inner GPS), (Politiken, 2013), p. 193.
10. See Irvine, *A Guide to the Good Life*, p. 69.
11. Seneca, *Livsfilosofi* (selection of Seneca's moral letters by Mogens

Hindsberger) (Gyldendal, 1980), p. 64.
12. This is discussed by Oliver Burkeman in *The Antidote: Happiness for People Who Can't Stand Positive Thinking* (Canongate, 2012).
13. Quoted from Simon Critchley, *How to Stop Living and Start Worrying* (Polity Press, 2010), p. 52.

第三章　学会说"不"

1. Per Schultz Jorgensen, *Styrk dit barns karakter–et forsvar for børn, barndom og karakterdannelse* (Strengthen Your Child's Character: A Defence of Children, Childhood and Character Formation), (Kristeligt Dagblads Forlag, 2014), p. 75.
2. http://www.toddhenry.com/living/learning-to-say-yes
3. Anders Fogh Jensen, *Projektsamfundet* (The Project Society) (Aarhus University Press, 2009).
4. Critchley, *How to Stop Living and Start Worrying*, p. 34.
5. Nils Christie, *Small Words for Big Questions* (Mindspace 2012), p. 45. Thanks to Allan Holmgren for drawing this fine little book to my attention.
6. For example, in the book *Contingency, Irony and Solidarity* (Cambridge University Press, 1989).
7. Hannah Arendt, *The Human Condition* (University of Chicago Press, 1998), p. 279.

第四章　抑制自己的情感

1. This is a major theme in Søren Kierkegaard's writings. For example, in *The Sickness Unto Death*, the self is defined as a relationship that relates to itself. Along with the Norwegian psychologist Ole Jacob Madsen, I described the

psychology built into the story of Genesis in the article 'Lost in Paradise: Paradise Hotel and the Showcase of Shamelessness', *Cultural Studies ↔ Critical Methodologies*, 12 (2012), pp. 459–67.

2. A good source is his book *Liquid Times: Living in an Age of Uncertainty*.

3. http://coach.dk/indlaeg-om-coaching-og-personlig-udvikling/lever-du-et-passioneret-liv/350

4. Her book on the subject is called *Cold Intimacies: The Making of Emotional Capitalism* (Polity Press, 2007).

5. Arlie Russell Hochschild described this emotional work in *The Managed Heart: Commercialization of Human Feeling* (University of California Press, 1983).

6. Richard Sennett, *The Fall of Public Man* (Penguin, 2003, originally 1977).

7. E. Harburg et al., 'Expressive/Suppressive Anger Coping Responses, Gender, and Types of Mortality: A 17-Year Follow-Up', *Psychosomatic Medicine*, 65 (2003), pp. 588–97.

8. C. H. Sommers and S. Satel, *One Nation Under Therapy: How the Helping Culture is Eroding Self-Reliance* (St Martin's Press, 2005), p. 7.

9. See R. Baumeister et al., 'Does High Self-esteem Cause Better Performance, Interpersonal Success, Happiness, or Healthier Lifestyles?', *Psychological Science in the Public Interest*, 4 (2003), pp. 1–44.

10. This research is discussed in Barbara Held's *Stop Smiling, Start Kvetching*.

11. Seneca, *Om vrede, om mildhed, om sindsro* (On Anger, On Gentleness, On Peace of Mind), (Gyldendal, 1975).

12. The example is mentioned in Irvine, *A Guide to the Good Life*, p. 79.

第五章　解雇你的培训师

1. This analysis is based on my article 'Coachificeringen af tilværelsen' (The Coachification of Life), *Dansk Pædagogisk Tidsskrift*, 3 (2009), pp. 4–11.

2. Religious sociologists have long used terms such as 'the sacralised self' to identify the sanctification of the self in contemporary practices such as therapy, coaching and New Age thinking. See, e.g., Jacob Ole Madsen, *Det er innover vi m? g?* (And inwards we must go), (Universitetsforlaget, 2014), p. 101.
3. This was one of the main themes in Kirsten Marie Bovbjerg's insightful studies of working life, e.g. 'Selvrealisering i arbejdslivet' (Self-realisation at Work) in Svend Brinkmann and Cecilie Eriksen (eds), *Self-realisation: Critical Discussions of a Limitless Development Culture* (Klim, 2005).
4. See the article in *Berlingske Nyhedsmagasin*, 31 (October 2007).
5. See Willig, *Kritikkens U-vending*.
6. I know that positive psychology also recommends what is called 'random kindness', a kind of spontaneous charity. However, here the motivation is for the giver to feel good inside. I would argue for the intrinsic value of the benevolent act, irrespective of any emotional impact on the person responsible for it. You should do good deeds because they are good. Not because they make you feel good–although it is no bad thing if the deed makes you feel good as well.

第六章 读一本小说——不是励志书，也不是传记

1. Charles Taylor, *The Ethics of Authenticity* (Harvard University Press, 1991), p. 15.
2. I should point out that only some biographies fall into this category. Not all biographies are linear or trivial. Indeed, I am a relatively avid reader of (auto)biographies. But they work best when they ignore the conventions of the genre.
3. Ole Jacob Madsen, *Optimizing the Self: Social Representations of Self-help* (Routledge, 2015).
4. See Thomas H. Nielsen, 'En uendelig række af spejle–litteraturen og det meningsfulde liv' (An Infinite Number of Mirrors: Literature and the

Meaningful Life), in C. Eriksen (ed.), *Det meningsfulde liv* (The Meaningful Life) (Aarhus Universitetsforlag, 2003).

5. See Jan Kjærstad's article 'Nå virkeligheden skifter form' (When Reality Changes Shape), *Information* (30 September 2011).
6. See Foucault's posthumous *Technologies of the Self* (Tavistock, 1988).
7. See also 'On the Genealogy of Ethics: An Overview of Work in Progress', in P. Rabinow (ed.) *The Foucault Reader* (Penguin, 1984).
8. This reading of Houellebecq builds on an earlier analysis published in the article 'Literature as Qualitative Inquiry: The Novelist as Researcher', *Qualitative Inquiry*, 15 (2009), pp. 1376–94.
9. Michel Houellebecq, *Atomised* (Vintage, 2001), p. 252.
10. Hubert Dreyfus and Sean Kelly, *All Things Shining: Reading the Western Classics to Find Meaning in a Secular Age* (Free Press, 2011).
11. Oscar Wilde, *The Complete Works* (Magpie, 1993), p. 32.

第七章 回顾过去

1. http://www.ankerhus.dk/teori_u.html
2. Critchley, *How to Stop Living and Start Worrying*, p. 118.
3. See, e.g., Thomas Thaulov Raab and Peter Lund Madsen's popular science work *A Book About Memory* (FADL's Publishing, 2013), which champions this basic point of view.
4. In Denmark, these perspectives are best propounded by my colleague, Professor Lene Tanggaard.
5. Paul Ricoeur, *Oneself as Another* (University of Chicago Press, 1992), p. 158.
6. The quotation is from his book *Whose Justice? Which Rationality?* (University of Notre Dame Press, 1988), p. 12.
7. All the quotes here are from Seneca, *On the Shortness of Life* (Vindrose, 1996), p. 30.

8. In this book, I have regularly used the phrase 'doing your duty', but without really defining the concept. This is because I believe that duty is always concrete, not abstract. People have duties by virtue of their specific relationships to other people. You have a duty to your mother, father, manager, employee, teacher, student, etc. K. E. Løgstrup pointed out in his book *Den etiske fordring* (The Ethical Demand) that you must use your power over others for their good, not your own. The phrase 'ethical demand' is close to the concept of duty used in this book–and is both as open and as concrete. See *Den etiske fordring* (Gyldendal, 1991, original 1956).
9. In my opinion, the most interesting pragmatist philosopher is John Dewey, about whom I have written a number of articles and books, including *John Dewey: Science for a Changing World* (Transaction Publishers, 2013).

附录

1. This is one of the main themes in Alasdair MacIntyre's *Dependent Rational Animals: Why Human Beings Need the Virtues* (Carus Publishing Company, 1999), in which he places our existence as vulnerable animals at the centre of a virtue-based system of ethics.
2. My historical review of philosophy is based in particular on Irvine's *A Guide to the Good Life: The Ancient Art of Stoic Joy*.
3. This story is told best by Charles Taylor in his *Sources of the Self: The Making of the Modern Identity* (Cambridge University Press, 1989).
4. Seneca, *Om vrede, om mildhed, om sindsro*, p. 27.
5. Irvine, *A Guide to the Good Life*, p. 52.
6. Cicero, *On Living and Dying Well* (Penguin Classics, 2012).
7. Pierre Hadot, *Philosophy as a Way of Life* (Blackwell, 1995), p. 34.